KB133759

그들을 만나러 간다
뉴욕

도시의 역사를 만든 인물들

그들을 만나러 간다

뉴욕

베티나 빈터펠트 지음

장혜경 옮김

터치아트

메트로폴리탄 미술관의 웅장한 정문.

미처 몰랐던 실제의 뉴욕.

"나에게 뉴욕은 항상 마법과 흥분, 기쁨의 장소다. 뉴욕이 아닌 다른 곳에선 절대 살고 싶지 않다." 우디 앨런은 자신의 도시를 이렇게 사랑했다.

모든 대도시가 그러하듯 뉴욕 역시 도시의 인상을 좌우하는 것은 건물이 아니다. 그곳에서 태어나고 죽었거나 그곳에서 살았던 사람들이다. 이 책에서 소개할 20명의 뉴요커들은 뉴욕을 찾아온 당신에게 여행 가이드처럼 친절하게 뉴욕을 안내해 줄 것이다.

출발점은 400여 년 전 인디언의 길 브로드웨이에 소도시를 건설한 피터르 스타위버산트이다. 우리는 그 비범한 인물 덕분에 초록의 섬 '마나하타'가 세계의 중심으로 성장한 과정을 알게 될 것이다. 또한 뉴욕에 엄청난 부를 선사한 존 D. 록펠러, 흑인 민권운동가 말콤 엑스, 팝아트의 창시자 앤디 워홀 같은 빛나는 인물들을 만나게 될 것이다.

또한 재즈의 전설 루이 암스트롱, 〈랩소디 인 블루〉의 조지 거슈윈, 〈웨스트사이드 스토리〉를 작곡한 레너드 번스타인의 음악 세계에도 흠뻑 빠져 볼 것이다. 아서 밀러, 트루먼 커포티, 톰 울프, 폴 오스터와 시리 허스트베트 같은 빼어난 작가들이 그려 낸 뉴욕의 민낯도 보게 될 것이다. 섬세하고 독특한 시각으로 뉴욕을 스크린에 담아낸 영화감독 우디 앨런, 범죄의 도시 뉴욕을 오늘날의 생동감 넘치는 도시로 변모시킨 루돌프 줄리아니도 만나 본다. 다재다능한 가수이자 영화배우 바브라 스트라이샌드와 함께 신나게 웃어도 보고, 사라 제시카 파커와 함께 〈섹스 앤 더 시티〉의 유행과 패션도 뒤쫓아 볼 것이다.

결코 잠들지 않는 이 도시에선 휴식이 허락되지 않는다. 파리의 시몬느 드 보부아르는 말했다. "잠을 무의미하게 만드는 뉴욕의 공기에는 무엇인가가 있다."

차례

뉴욕의 인물 한눈에 보기

사람이 없는 도시는 도시가 아니다. 존 D. 록펠러, 루이 암스트롱, 앤디 워홀, 레너드 번스타인……. 이들이 없었다면 뉴욕은 뉴욕이 아니었을 것이다.

피터르 스타위버산트(1612~1672)

존 D. 록펠러(1839~1937)

러키 루치아노(1897~1962)

조지 거슈윈(1898~1937)

1817년 '뉴욕 증권 거래소'가 건립되면서 최초로 거래소 내부 규정이 확정되다.

1609년 영국 선원 헨리 허드슨이 뉴욕 만에 당도하다.

1886년 뉴욕의 상징인 자유의 여신상은 자유와 민주주의 상징이다.

1967년 뉴욕 택시 색깔이
노랑으로 결정되다.

루이 암스트롱(1901~1971)

리 스트라스버그(1901~1982)

아서 밀러(1915~2005)

레너드 번스타인(1918~1990)

트루먼 커포티(1924~1984)

말콤 엑스(1925~1965)

2000

앤디 워홀(1928~1987)

톰 울프(1931~)

우디 앨런(1935~)

존 레넌(1940~1980)

바브라 스트라이샌드(1942~)

로버트 드 니로(1943~)

루돌프 줄리아니(1944~)

패티 스미스(1946~), 로버트 메이플소프(1946~1989)

폴 오스터(1947~), 시리 허스트베트(1955~)

사라 제시카 파커(1965~)

지도 찾아보기

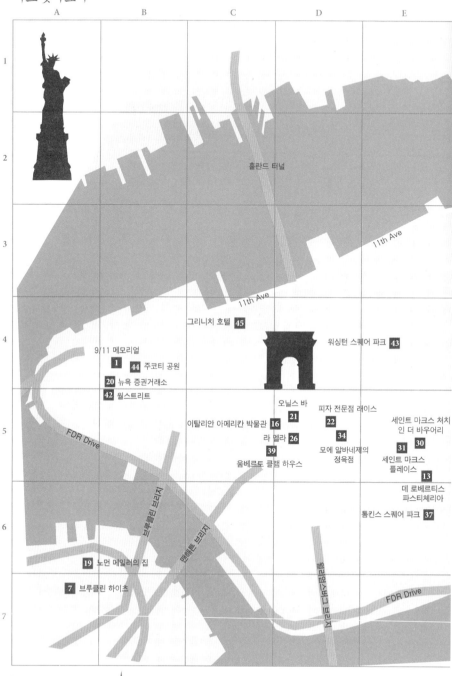

A B C D E

1

2 홀란드 터널

3 11th Ave

11th Ave

4 그리니치 호텔 45

워싱턴 스퀘어 파크 43

9/11 메모리얼

1 44 주코티 공원

20 뉴욕 증권거래소

42 월스트리트

오닐스 바
21

이탈리안 아메리칸 박물관 16   피자 전문점 레이스
22   세인트 마크스 처치
인 더 바우어리

5 FDR Drive   라 멜라 26   34   31 30

모에 알바네제의   세인트 마크스
정육점   플레이스

움베르토 클램 하우스   13
39
데 로베르티스
파스티체리아

톰킨스 스퀘어 파크 37

6
브루클린 브리지   맨해튼 브리지   윌리엄스버그 브리지

19 노먼 메일러의 집

FDR Drive

7 브루클린 하이츠

N

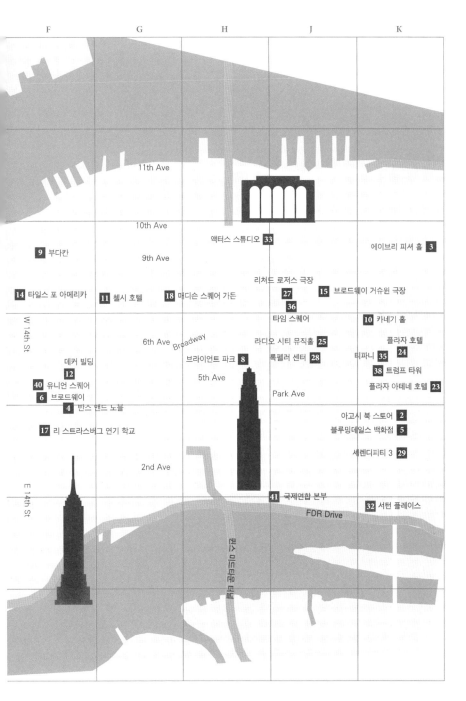

F G H J K

11th Ave

10th Ave

액터스 스튜디오 **33**

에이브리 피셔 홀 **3**

9 부다칸

9th Ave

리처드 로저스 극장

14 타일스 포 아메리카 **11** 첼시 호텔 **18** 매디슨 스퀘어 가든 **27** **15** 브로드웨이 거슈윈 극장

36

타임 스퀘어 **10** 카네기 홀

6th Ave Broadway 라디오 시티 뮤직홀 **25** 플라자 호텔

W 14th St 데커 빌딩 브라이언트 파크 **8** 록펠러 센터 **28** 티파니 **35** **24**

12 5th Ave **38** 트럼프 타워

40 유니언 스퀘어 Park Ave 플라자 아테네 호텔 **23**

6 브로드웨이

4 반스 앤드 노블 아고시 북 스토어 **2**

17 리 스트라스버그 연기 학교 블루밍데일스 백화점 **5**

셰렌디피티 3 **29**

2nd Ave

41 국제연합 본부 **32** 서턴 플레이스

E 14th St FDR Drive

본문에서 분홍색 사각형 숫자와 알파벳 및 숫자의 조합은 지도 위치를 가리킵니다.

예) 유니언 스퀘어 **40** F4

피터르 스타위버산트 1612 ~ 1672

뉴욕을 세운 외다리 네덜란드인

네덜란드 전사 피터르 스타위버산트가 '마나하타' 섬에
뉴암스테르담을 건설했다. 그러나 번영하던 식민지는
너무나 쉽게 영국인들의 손으로 넘어가고 말았다.

마지막 안식처로 삼은 세인트 마크스 처치 인 더 바우어리^{St. Mark's Church-in}
^{the-Bowery} **30** E5에서 자유분방한 음과 리듬의 재즈가 들려온다면 스타위버
산트는 과연 좋아했을까? 더구나 사고파는 거래 물품 정도로 생각했던
흑인들이 자유로운 음악가가 되어 북을 두드리며 직접 돈을 버는 광경을
과연 상상이나 했을까? 분명히 그렇지 않을 것이다. 피터르 스타위버산
트가 그 작은 교회에서 흘러나오는 재즈 음악을 들었다면 아마 어안이 벙
벙해 어쩔 바를 몰랐을 것이다. 그럼에도 스타위버산트 총독은 북을 치
고 트럼펫을 부는 흑인들이 그의 옆을 지나 철문 밖을 나가 이스트 빌리
지^{East Village} E6로 우르르 몰려가도 눈썹 하나 찌푸리지 않는다. 청동상이 되
어 대좌 위에 서 있으니 담담히 앞만 바라볼밖에.

　역사는 1609년 9월로 거슬러 올라간다. 스타위버산트가 오늘날의 뉴
욕인 뉴암스테르담에 도착하기 40여 년 전이다. 1609년 9월 12일, 헨리
허드슨은 높은 파도를 피해 넓은 만으로 접어들었고 거대한 초록의 섬을

뉴암스테르담의 마지막 총독이자 실제 뉴욕의 아버지 피터르 스타위버산트. 1874년의 동판화.

발견하고 그곳을 향해 나아갔다. 예감이 좋지 않았다. 이번에도 중국으로 가는 항로를 찾을 수 없을 것 같았다. 그는 네덜란드 정부의 의뢰로 중국 항로를 찾는 중이었다. 그런데 이번에도 그만 항로를 놓친 것이다.

그러나 허드슨은 우연히 발견한 이 자연항의 잠재력을 간파하고 닻을

마나하타 원시림은 끝없는 건물의 바다가 되었다. 그나마 센트럴 파크에 가면 원래의 식생들을 어림짐작할 수 있다.

내렸다. 섬에는 이미 사람이 살고 있었다. 80톤에 이르는 육중한 3개의 돛대에서 펄럭이는 돛을 보고 사람들이 달려왔다. 섬 주민들이 남녀노소를 가리지 않고 28개의 카누에 나눠 타고 몰려온 것이다. 훗날 한 선원의 말에 의하면 낯선 이방인들의 방문이 반가워서였다.

지금의 센트럴 파크Central Park K3/4에만 가봐도 당시 헨리 허드슨의 눈앞에 펼쳐진 수목이 얼마나 울창했을지 상상이 가고도 남는다. 과꽃이 바람에 흔들리고 미국물꽈리아재비가 가을다운 노란색으로 초원을 물들였으며 호수와 늪 위로 물수리가 날았다. 이곳에서 석기시대 말부터 살아온 레나페 족은 자신들의 평화로운 삶의 터전을 '마나하타', 즉 구릉이 많은 섬이라 불렀다. 허드슨도 그 아름다운 광경에 넋을 잃고 말았다. 그리고 '인간이 발을 들여놓을 수 있는 가장 안락한 땅'을 발견했다는 전갈을 네

딜란드 궁으로 보냈다. 자연항을 이용해 무역의 거점을 세울 수 있는 이상적 조건의 땅이라고 말이다.

500개가 넘는 바위 덩어리가 여기저기 널려 있던 '마나하타', 즉 지금의 맨해튼은 이 항구의 심장이었다. 섬은 목련과 밤나무, 호두나무, 떡갈나무 같은 활엽수로 빽빽한, 사슴과 고라니가 뛰노는 천혜의 자연이었다. 강가에는 새들이 둥지를 틀고 비버가 집을 지었다. 할렘의 모닝사이드 파크에 서 있는 청동상 하나는 네덜란드인 정착촌 뉴 할렘의 숲을 어슬렁거리던 곰들을 기리는 작품이다. 레나페 족은 농사를 짓고 해안에서 조개를 주워 먹고 살았다. 밭에는 주로 옥수수와 콩, 호박을 심었다.

흑인 노예를 끌고 오다

허드슨은 암스테르담으로 돌아가 왕에게 중국으로 가는 서 항로는 발견하지 못했지만 놀라우리만큼 괜찮은 땅과 항구를 찾았다고 보고한다. 하지만 네덜란드인들을 태운 배가 허드슨 만에 당도하기까지는 그로부터 무려 15년이라는 세월이 걸렸다. 보스턴이나 필라델피아와 달리 뉴욕은 유럽 땅에서 박해받다 종교의 자유를 찾아 나선 신앙인들이 세운 식민지가 아니었다. 네덜란드인들은 오직 수익이 많은 해상 무역에만 관심이 있었다. 어쨌든 이곳으로 건너온 네덜란드인들은 숲을 개간하고 늪의 물을 빼고 과일과 채소를 심었다. 그렇게 뉴 할렘지금의 할렘을 세웠고 어퍼 웨스트 사이드의 블루밍데일 구역에 둥지를 틀었다. '마나하타' 섬은 이제 네덜란드 서인도 회사의 소유가 되었다. 밍크와 곰, 비버의 가죽을 실은 배가 1년에 4번 뉴암스테르담항을 떠나 네덜란드로 향했다.

그럼에도 불구하고 식민지는 번영을 누리지 못했다. 이민을 희망하는 네덜란드인들은 동남아시아나 브라질을 선호했다. 모피 거래보다는 금과 향신료가 수익성이 높았기 때문이다. 더구나 농장과 요새 건설에 필요한 인력이 부족했다. 이에 식민지 주민들이 노예를 요구했고 앙골라에서 강제 노역자들을 태운 배가 처음으로 뉴암스테르담에 도착했다.

1626년, 총독 피터르 미누이트는 원주민들과 기막힌 거래를 성사시켰다. 부족의 족장에게 단돈 60굴덴^{약 24달러}을 주고 섬을 통째로 산 것이다. 훗날 무역회사의 회계사가 계산해 보니 두 달치 급료나 소 1마리 절반 값밖에 안 되는 돈이었다. 물론 소문과 달리 실제 구입 가격은 60굴덴보다는 많았다. 실제로는 5천 700헥타르의 그 풍요로운 땅을 600달러 정도의 가격에 구입했다고 한다. 하지만 인디언들은 그 거래가 일시적이라고 생각했다. 그래서 1643년, 총독이 그들에게 세금을 징수하려고 하자 납세를 거부했고, 이에 네덜란드인들이 전쟁을 일으켰다. 군인들이 마을 두 곳을 덮쳐 주민들을 몰살시킨 것이다.

이러한 일련의 사건들을 거치며 식민지는 서서히 와해되기 시작했다. 주민 수가 줄어들었고 그나마 남아 있던 사람들도 술에 취해 싸우기 일쑤였다. 네덜란드 본국은 질서 회복을 위해 피터르 스타위버산트를 뉴암스테르담으로 파견했다. 37살의 장관 아들은 그때까지 서인도 회사 소속으로 카리브 해안의 퀴라소 섬에서 일했고 전투 중 오른쪽 다리를 잃었다. 1647년 봄, 그는 총독에 임명되어 뉴암스테르담으로 건너왔다. "내너희들을 아버지가 자식을 다스리듯 하리라." 그는 식민지 주민들에게 이렇게 약속했고, 옛날 옛적부터 인디언들이 이용했던 길 브로드웨이 Broadway ⑥ F4에서 일체의 소란 행위를 금지했다. 지금까지 보존된 길은 나중에 닦은 다른 직각의 도로망과 달리 섬을 대각선으로 구불구불 가로지르는 유서 깊은 길이다. 스타위버산트는 또 '인디언과의 성행위'와 일요일의 음주 행위도 엄격히 금했다. 그는 빠른 속도로, 그리고 지속적으로

〈뉴암스테르담 사건〉. 1664년 스타위버산트는 영국인들에게 항복하고 식민지 뉴암스테르담을 넘겨주었다.

질서를 회복해 나갔다. 물론 강철 같은 의지와 다혈질의 청교도주의자가 인기가 있을 리 만무했다. 하지만 그는 효율적이었다. 뉴 할렘으로 가는 도로를 닦았고 항만 시설을 넓혔으며 인디언과 영국인의 침입을 막기 위해 700미터 길이의 담을 쌓았다. 그 담을 따라 이어지는 도로는 훗날 월 스트리트Wall Street**42** B5라는 이름의 세계 금융 중심지로 거듭났다.

그는 가족을 데리고 지금의 이스트 빌리지에 있는 스타위버산트 스트리트Stuyvesant Street E5로 이사했다. 그가 살던 집은 2010년까지 그 자리에 있었다. 그는 노예 무역을 주요 수입원으로 삼았다. 덕분에 뉴암스테르담의 인구는 점점 증가했고, 스타위버산트가 임기를 마칠 무렵에는 인구 3천 명에 300채의 주택과 도로, 운하, 풍차, 학교까지 갖춘 제대로 된 정착촌이 형성됐다. 낙후된 작은 항구가 소도시로 멋지게 변신한 것이다.

그런데 그사이 스웨덴인들도 동부 해안에 식민지를 건립했다. 네덜란드인들에게는 위협이 아닐 수 없었다. 스타위버산트가 병력을 이끌고 출격했다. 델라웨어 강변에서 스웨덴인들을 내쫓고 그들의 식민지를 뉴암스테르담에 합병하기 위해서였다. 작전은 성공했다. 문제는 그 사이 뉴암스테르담에서 큰일이 벌어졌다는 데 있었다. 한 인디언 여성이 백인 이주민한테서 복숭아 하나를 훔쳤다가 그만 사살당한 것이다. 그 소식에 분노한 500여 명의 레나페 족이 총독이 자리를 비운 틈을 타 정착촌을 공격했다. 100명 이상이 죽었고 150명 이상이 포로로 붙잡혔다. 이 사건을 흔히 '복숭아 전쟁'이라 부른다. 귀환한 스타위버산트는 기나긴 협상 끝에 포로들을 되찾았고, 1658년 레나페 족과 평화 협정을 체결했다.

스타위버산트는 싸우자고 했지만 주민들은 싸우지 않았다

때로 지독하게 독재적이었지만 어쨌든 그는 최선을 다해 총독의 임무를 수행했다. 그러나 노력의 결실을 수확하는 행운은 그의 몫이 아니었다. 영국인들이 번성하는 네덜란드 식민지에 눈독을 들인 것이다. 동부 해안을 따라 식민지를 확장해 가던 영국인들에게 뉴암스테르담은 그야말로 멋진 진주 목걸이에서 빠진 한 알의 진주 같았기 때문이다.

1664년 8월, 4척의 포선이 항구에 나타났다. 영국 침략자들이 군사적으로 우세했지만 스타위버산트는 자신의 요새를 끝까지 지키겠노라 결심했다. "싸우지 않고 굴복하느니 죽음을 택하겠다." 하지만 식민지의 분위기는 그의 뜻과 달랐다. 주민 대표들이 찾아와 청원서를 내밀었다. 스타위버산트의 아들을 포함하여 93명의 무역상 대표가 서명한, 도시를 평화롭게 넘겨주라는 부탁이 담긴 청원서였다. 식민지 주민들은 도시를 지키기 위해 손가락 하나 까닥하지 않겠다는 뜻이었다.

그 후 어떻게 되었을까? 대답은 간단하다. 뉴욕이 뉴욕이 된 것이다. 스타위버산트가 식민지를 통치하는 동안 이미 거주민의 구성은 급격히 변했다. 스타위버산트 스스로가 노예는 물론이고 외국의 인력을 적극 불러들였다. 17세기 중반 무렵에는 뉴암스테르담에서 사용되는 언어가 프랑스어, 독일어, 폴란드어, 포르투갈어를 포함해 무려 18가지에 달했다. 따라서 영국인들이 공격해 올 당시 식민지는 이미 코즈모폴리턴의 분위기였고, 그 속에서 네덜란드인은 소수민족에 불과했다. 그러니 식민지에서 어떤 나라의 국기가 휘날리건 아무 상관이 없었다. 누가 다스리건 미친 듯 돈만 벌 수 있게 해주면 그뿐이었다.

1664년 8월 27일, 스타위버산트는 북소리와 나발 소리를 들으며 영국인들에게 자신의 식민지를 내주었다. 이틀 후 뉴암스테르담은 공식적으로 뉴욕이 되었다. 요크 공작의 이름을 따서 지은 도시명이었다. 그 후 스타위버산트는 지금의 그리니치 빌리지^{Greenwich Village E/F5}에 있는 한 과수원으로 이사한다. 그리고 1672년, 세인트 마크스 처치 인 더 바우어리에서 영면에 들었다.

존 D. 록펠러 1839~1937
자선가로 변신한 자린고비 백만장자

석유로 막대한 돈을 벌어 세계 최고의 갑부가 되었고
그 다음에는 세계 제일의 자선가가 되었다. 그가 없었다면 지금의
뉴욕에는 국제연합이 없을 것이며, 당연히 록펠러 센터도 없을 것이다.

뉴욕 가족 기업의 시조 존 D. 록펠러만큼 아메리칸 드림의 성공 신화와
산업화의 극단을 온몸으로 보여 준 인물은 없을 것이다. 산업화의 최전성
기에 클리블랜드에 '스탠더드오일' 정유 회사를 세웠고 열심히 일해 세
계 최고의 부자가 되었다. 그는 프로테스탄트의 근검절약으로 재산을 늘
려 나갔지만 노년에는 자린고비에서 자선가로 변신했다. 자손들 역시 물
려받은 유산으로 번성하여 은행가, 도시계획가, 정치인으로 이름을 날렸
다. 록펠러 가문은 역사상 뉴욕에 최대의 경제적 지원을 했다. 록펠러 센
터Rockefeller Center 28 J4를 지었고 국제연합을 이스트 리버 강변에 유치해 도
시의 이미지를 혁신했다.

그 모든 것은 작가 마크 트웨인이 '도금 시대'라 불렀던 황금기로 거슬
러 올라간다. 금으로 가린 화려한 덮개 밑에선 대량 빈곤과 착취가 난무
했다. 19세기 말에 시작된 철도 건설의 붐은 거대한 미국 내륙의 빗장을
열었다. 산업화가 절정에 달했고 경제는 호황을 누렸다. 그야말로 돈을

1900년, 뉴욕항에 도착한 존 D. 록펠러. 그는 세계에서 가장 돈이 많은 부자였다.

벌 시간이었다. 아직 발굴되지 않은 막대한 잠재 시장이 눈앞에 펼쳐져 있었다. 특히 석유, 철강, 설탕 산업의 잠재력은 무궁무진했다.

존 D. 록펠러는 오하이오 주 클리블랜드에서 주급 5달러의 영업 사원으로 일을 시작했다. 하지만 시대의 흐름을 남들보다 앞서 간파한 선구자

미국 최대의 메트로폴리탄 미술관. 록펠러 재단의 협력이 없었다면 메트로폴리탄
미술관 설립은 불가능했을 것이다.

였던 그는 강철 같은 의지로 근검절약해 돈을 모아 동생과 함께 정유 회
사를 세웠다. 그리고 신교도다운 근면함으로 쓰러질 때까지 일했고 자린
고비처럼 절약했다. 심지어 양철 석유통을 납땜하는데 필요한 납의 방울
까지 셌다. "40방울? 너무 많아!" 그는 호통쳤고 실제로 한 방울을 절약할
수 있다는 사실을 알게 되자 환호성을 질렀다. "한 방울을 절약했어, 한 방
울!" 록펠러는 그렇게 일하여 미국 최초의 백만장자가 되었다. 프로테스
탄트 윤리를 자본주의의 동력이라고 본 사회학자 막스 베버의 이론을 몸
소 입증해 보였다.

　록펠러는 늘 강조했다. "돈을 버는 재능은 신의 선물이다. 우리는 최선
을 다해 돈을 벌어야 한다. 내가 그 재능을 가졌기에, 돈을 벌고 더 벌어
그 돈을 양심이 명하는 대로 이웃을 위해 쓰는 것이 나의 의무다."

그는 스탠더드오일을 전 세계를 빈틈없이 뒤덮은 다국적 기업으로 키웠고 더불어 정유 부문에서 독점적 지위를 획득했다. 당연히 부정부패 사건을 파헤치는 사회 고발 기자 집단의 먹잇감이 되었다. 오랜 소송 끝에 결국 스탠더드오일이 해체된 데에는 이들의 기사가 큰 역할을 했다. 록펠러는 살인 위협에 시달렸고 더 많은 돈을 벌게 해달라고 교회에 기도하러 갈 때도 경호원을 대동하는 신세가 되었다.

그러나 언젠가부터 록펠러는 돈을 버는 것도 중요하지만 그 돈으로 남을 돕는 것이 진정한 기독교의 가르침이라는 사실을 깨닫고 재산의 상당 부분을 자선 단체에 기부했다. 1937년, 록펠러가 98살의 나이로 세상을 떠날 때까지 그가 공익을 위해 기부한 돈은 무려 당시 가치로 5억 5천 500만 달러에 달했다. 미국 역사상 최고 금액을 기부한 자선가였던 것이다. 현재 뉴욕에 있는 록펠러 재단은 20억 달러가 넘는 재단 자산을 관리하고 있다.

뉴욕, 백만장자들의 메카

록펠러 가문은 1880년대 뉴욕으로 이주해 센트럴 파크 근처에 빌라를 한 채 지었다. 그 빌라는 훗날 존 록펠러의 손자가 메트로폴리탄 미술관에 기부했다. 19세기 후반 맨해튼은 백만장자들의 메카로 부상했다. 강철 왕 카네기까지 맨해튼으로 이사 왔고, 1892년까지 미국 백만장자의 절반 정도가 허드슨 강 유역에 정착했다니 가히 백만장자들의 메카라는 이름이 무색하지 않았다. 뉴욕은 국가의 경제 수도였고, 우수한 기간 시설과 돈을 급속히 불리고 그 돈을 쾌적하게 지출할 수 있는 온갖 가능성을 갖춘 도시였다.

5번 애버뉴^Fifth Avenue E4-K4는 번영의 꽃을 피웠다. 서부에서 달려온 졸부들이 줄지어 호화 빌라를 세웠으며 화려한 파티로 자신들의 성공을 자축했다. 1883년, 철도왕 반더빌트가※의 앨리스 반더빌트는 한 파티에서 횃불을 든 오른손을 치켜들고 손님들을 맞이했다. 그녀의 파티 소식은 신문 사회면에 소개되어 온 나라로 퍼져 나갔다. 그로부터 3년 후 비슷한 승자의 포즈를 취한 자유의 여신상이 화려하게 제막되었다.

존 D. 록펠러가 사망하자 그의 아들인 존 D. 록펠러 2세가 사업을 물려받는다. 그는 1930년대에 록펠러 센터를 세웠다. 맨해튼에 건설된 모든 건축물의 차원을 뛰어넘는 초특급 프로젝트였다. 거대한 복합 건물은 애초부터 도시와 어우러지는 도시의 일부로 설계되었다. 미드타운의 심장부 3개 블록에 걸쳐 총 14개 동의 사무실 건물과 일련의 가로수길, 광장, 5번 애버뉴의 우아한 가게들이 들어섰고 지하철로 이어지는 지하 터널망까지 조성되었다. 건물 입구는 인상적인 조각상과 벽화로 장식했다. 특히 프로메테우스 황금 동상은 뉴욕의 새로운 상징이 되었다.

중앙에는 유럽 도시의 건축 스타일을 모방한 널찍한 현대식 광장이 있어 쉬어가기 좋다. 펄럭이는 만국기가 국제적인 분위기를 조성하고, 뉴욕 시민들은 겨울이면 이곳에서 스케이트를 탄다. 또 1931년 기공식 이후 해마다 크리스마스가 되면 광장에 거대한 크리스마스트리가 세워진다.

록펠러 센터는 뉴욕에 새 얼굴을 선사했다. 뉴욕에서 가장 큰 규모의 복합 건물일 뿐 아니라 최대의 관광 코스이기도 하다. 뉴욕 시민들과 관광객들은 이곳을 뉴욕의 진정한 중심으로, 미국의 스타일과 자부심을 입증하는 상징으로 꼽는다.

미국 작가 거트루드 스타인Gertrude Stein은 1937년에 뉴욕을 찾은 후 이 도시의 건물 중에서 록펠러 센터가 제일 마음에 들었다고 말했다. 하지만 모두가 그녀처럼 열광적인 반응을 보인 것은 아니어서 일부 비평가는 '창

록펠러 센터에서 가장 높은 건물인 GE 빌딩 앞의 프로메테우스 동상.

문 달린 자본주의의 묘비'라는 비난을 쏟아붓기도 했다. 그럼에도 불구하고 초현대식 복합 건물은 미국 대기업들의 본거지라는 새로운 역할로도 손색이 없다. 세계 경제 위기로 온 나라가 어려워도 이곳의 사무실은 공실이 없다니 그 인기를 가히 짐작할 만하다.

한창 급부상 중인 커뮤니케이션 산업체들도 록펠러 센터에 모여 있다. 이곳에서 기업의 영향력과 범위를 확대해 나가고 싶기 때문이다. 록펠러 센터의 중심은 70층 높이의 GE 빌딩이다. 엠파이어 스테이트 빌딩의 전망대와 함께 뉴욕 최고의 전망대로 꼽히는 탑 오브 더 록$^{Top\ of\ the\ Rock}$이 70층에 자리 잡고 있는데 이곳에서 감상하는 야경이 압권이다. 또한 27개 스튜디오를 갖춘 NBC가 뉴스와 콘서트, 쇼 프로그램을 미국 가정으로 송출하고 있다. 세계적인 통신사 AP 통신, 출판 기업 '타임라이프'도 록펠러 센터에 터를 잡고 있다.

"록펠러 센터의 타임라이프 빌딩은 활력이 넘쳐난다. 뉴욕이라는 파티장에서 제일 맛난 음식이다. 미드타운 맨해튼이라는 완벽한 중심적 위치와 찬란한 모습에 나도 다시 불끈 힘이 되살아난다. 타임라이프 빌딩에서 자신의 정보력이 대단하다고 느끼기란 불가능하다." 미국 문학 비평가 앨프레드 케이진$^{Alfred\ Kazin}$의 말이다.

뉴욕 사람들이 가장 좋아하는 장소는 초대형 극장 라디오 시티 뮤직홀 Radio City Music Hall **25** J4 이다. 세계 최대의 로비, 세계 최대의 스크린, 세계 최대의 극장 오르간, 6천 200명을 수용할 수 있는 세계 최대의 객석 등 모든 면에서 최고 기록을 경신한 극장이기 때문이다. 유명한 전속 무용단 '로켓'의 크리스마스 특별 공연은 지금까지도 뉴욕 크리스마스 시즌의 하이라이트다.

록펠러 2세가 교회를 선물하다

존 D. 록펠러 2세는 리버사이드 교회 The Riverside Church 의 건축에도 경제적 지원을 아끼지 않았다. 이 교회는 프랑스의 샤르트르 대성당을 모방한 대형 건축물로 높이 120미터의 미국에서 가장 높은 교회다. 1927년 건축을 시작해 1933년 완성하였다. 유명한 교회 탑의 종 연주는 세계 최대 규모로 그의 어머니 로라 스펠먼 록펠러에게 바친 것이다. 화려한 신 고딕식 조각으로 장식한 교회는 마틴 루서 킹과 넬슨 만델라 같은 평화와 자유의 투사들이 연설한 장소이기도 하다. 또 리버사이드 교회는 노숙자와 빈민 지원에도 힘쓰고 있다.

1950년대 중반이 되자 존의 아들인 넬슨과 데이비드가 기업을 맡게 된다. 데이비드는 세계 최강의 금융 기관인 체이스 은행과 월스트리트 Wall Street **42** B5 를 담당했고, 정계로 나선 넬슨은 1940년에 루스벨트 대통령의 외교 자문이 되었다. 당시 막 태동한 국제연합 UN 을 뉴욕에 유치하는 것이 그의 원대한 꿈이었다.

넬슨은 이 야심찬 꿈을 실현하기 위해 전력을 다했다. 하늘 높은 줄 모르고 치솟는 뉴욕의 땅값 때문에 꿈이 좌절되자 넬슨은 동생 데이비드와 힘을 합쳐 아버지 존을 설득했고, 결국 존은 이스트 강변의 땅을 구매할 수 있도록 850만 달러를 국제연합에 기부했다. 그렇게 하여 마침내 국제연합**41** J5/6이 이스트 리버로 본부를 옮기게 되었다.

넬슨은 문화계에도 똑같은 열정을 쏟아부었다. 할아버지의 집을 메트로폴리탄 미술관에 기증해 파리에 버금가는 선도적 문화 중심지의 이미지를 뉴욕에 선사했다. 현재 그곳에는 미술관의 조각 정원이 있다.

록펠러 센터 **28** J4

10 Rockefeller Plaza , New York
www.rockefellercenter.com
▶지하철 : 47 – 50번 스트리트 – 록펠러 센터47 – 50th Streets – Rockefeller Center

리버사이드 교회

490 Riverside Drive , New York
▶지하철 : 116스트리트 – 컬럼비아 대학116th Street – Columbia University

메트로폴리탄 미술관

1000 5th Avenue , New York
www.metmuseum.org
▶지하철 : 86번 스트리트86th Street

국제연합 **41** J5/6

1st / 46th Avenue , New York
▶지하철 : 그랜드 센트럴 스테이션Grand Central Station , 42번 스트리트42nd Street

러키 루치아노 1897~1962

보스 중의 보스, 정통 뉴욕 마피아

가족과 함께 시칠리아를 떠나 미국으로 건너온 루치아노는 뉴욕에서
가장 악명 높은 마피아가 되었다. 하지만 그의 생명을 앗아간 것은
총탄이 아니었다. 그는 나폴리 공항에서 심근경색으로 숨을 거두었다.

양손을 바지 호주머니에 찌르고 모자를 푹 눌러쓴 채 바에 기대어 포동포
동한 수녀의 젖가슴을 흘깃거리는 늙은 남자는 남부 이탈리아의 한 광장
에서 에스프레소를 기다리는 사람일 수도 있었다. 하지만 그가 기대서 있
던 곳은 팔레르모의 바가 아니라 뉴욕 시 로어 이스트 사이드의 한 카페
다. 부엌의 유리 진열장에는 여성의 풍만한 젖가슴처럼 봉긋한 마지팬 케
이크가 진열되어 있다. 카페의 제빵 기술자 토니가 지금 막 오븐에서 꺼
낸 빵을 함석 쟁반에 담아 부엌에서 나온다. 토니의 진짜 이름은 안토니
오로 콜롬비아와 베네수엘라에서 자랐다. 토니는 벌써 3대째 가업을 이
어가는 그의 이탈리아 보스와 척하면 통하는 사이다.

　그사이 노인은 에스프레소를 다 마셨다. 그 역시 이름이 안토니오이지
만 이곳에서는 앤서니로 불린다. 어려서 부모님과 함께 고향 남부 이탈리
아를 떠나 미국으로 이민을 왔기 때문이다. 늦은 여름날 오전, 그는 카페
의 유일한 손님이다. 그가 문득 우물거리며 말문을 연다. "러키 루치아노

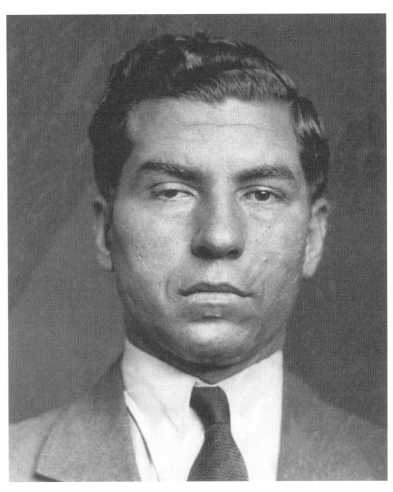

뉴욕 마피아 보스 러키 루치아노의 젊은 시절. 어릴 때 앓았던 천연두 자국이 선명하다.

도 가끔씩 여기 왔지. 우리 삼촌이 말해 주셨거든. 삼촌은 루치아노에게
정말 고맙다고 했어. 미용실에 일자리를 알아봐 주었으니까."

러키 루치아노, 뉴욕에 사는 중년의 이민자들 중에 그 이름을 모르는
사람은 없었다. 얼굴에 곰보 자국이 선명한 그 괴물은 1930~1940년대 뉴

이스트 빌리지의 제과점 데 로베르티스 파스티체리아. 현재는 문을 닫은 이곳에서 러키 루치아노가 메이어 랜스키 같은 마피아 동료들을 만났다.

욕에서 가장 영향력 있는 마피아 중 한 명이었다. 데 로베르티스 파스티체리아De Robertis Pasticceria **13** E5도 당시에는 마피아의 본거지 중 하나였다. 현재 뉴저지 클리프턴으로 이사한 이 제과점에서 루치아노는 역시나 그 지역 출신의 유대인 마피아 친구 메이어 랜스키를 자주 만났다.

찰스 '러키' 루치아노는 1897년 11월 24일, 마피아의 아성인 시칠리아섬의 코를레오네 근처에서 태어났다. 부모님이 지어 준 이름은 살바토레 루카니아였다. 1906년, 풀리아주 출신의 이민자 파올로 데 로베르티스가 1번 애버뉴에 제과점을 연 지 2년 후 루카니아 가족은 뉴욕으로 이민 왔다. 엘리스 섬에 도착한 모든 이민자들은 미국 이민국에서 실시하는 엄격한 건강 검진을 받았다. 10살의 살바토레는 천연두라는 진단을 받았다. 그때 생긴 천연두 흉터는 평생 그의 인상착의를 설명하는 특징이 되었다.

루카니아 가족은 이민자들이 많이 모여 살던 이스트 빌리지^{East Village} E6
에 둥지를 틀었다. 데 로베르티스를 비롯하여 많은 동유럽 유대인 이민자
들이 정착해 살던 지역이었다. 가난한 루카니아 가족은 초라한 집에 살았
다. 아버지 안토니오는 해마다 고향의 달력을 현관 벽에 걸었다. 가족을
뉴욕으로 데려다준 해운사의 달력이었다. 이탈리아의 추억이 얼마나 소
중했던지 어머니는 그 앞을 지날 때마다 매번 성호를 그었다. 훗날 러키
루치아노는 아버지를 술꾼이라고 불렀다. "아버지가 돈을 버는 족족 술을
사 마셨기 때문에 온 식구가 쫄쫄 굶는 날이 많았다. 아버지는 술병을 침
대 밑에 숨겨 놓았다."

　루카니아의 전과는 뉴욕에 도착한 직후부터 시작되었다. 12살 무렵부
터 벌써 집보다는 거리에서 보내는 시간이 많았고 같은 이민자들의 돈을
훔치고 학교 친구들을 협박해 돈을 뜯어냈다. 14살 되던 해에는 처음으로
권총을 장만했다. 아버지가 그 사실을 알고 아들을 집에서 내쫓았다. 그
는 어두침침한 술집이나 빈집에서 되는 대로 밤을 보냈지만 아주 가끔씩
은 엄마의 스파게티로 빈속을 채우고자 집으로 기어들어 왔다.

좀도둑이 마피아가 되다

그는 잠깐 동안 공장에서 일했다. 하지만 '고단하게 돈을 벌어 빵부스러
기나 얻어먹는 것'이 체질에 안 맞는다는 사실을 이내 깨달았다. 마약 밀
매가 훨씬 수익성이 높아 보였다. 그래서 그는 차이나타운의 마약 갱단과
접촉을 시도했고 마약 중독자이자 마약 딜러가 되었다. 더불어 '살바토레
루카니아'라는 이름을 버리고 '찰스 루치아노'가 되었다.

　1916년, 찰스 루치아노는 헤로인을 소지한 혐의로 경찰에 체포되었다.
그는 6개월의 실형을 받고 철창신세를 졌다. 석방된 후에는 불법 도박과

밀주 밀매로 그 지역 지하 세계에서 이름을 날렸다. 때는 금주령의 시대로 술이 엄격히 금지되던 시절이었다. 하지만 그가 어떤 상황에서도 고객과 공급책의 이름을 발설하지 않았기 때문에 갱단 사이에서 신망이 높았다. 그는 친구이자 훗날 그의 후계자가 된 프랭크 코스렐로와 함께 '파이브 포인츠 갱단'에 들어갔고 1922년에는 마피아의 일원이 되었다. 지역의 주도권을 두고 여러 패밀리가 혈투를 벌이던 시절이었다. 유대계 마피아단 '코셔 노스트라'의 두목 메이어 랜스키와 친구 사이였던 루치아노는 올리브유 수입업자들에게 뇌물을 뜯어냈고 마피아 보스 주세페 마세리아의 최측근이 되었다. 하지만 그 역시 갱단의 전통에 따라 훗날 자신의 보스를 죽이거나, 보스가 살해당할 때 보란 듯 고개를 돌렸다.

얼마 안 가 루치아노는 무면허 운전에서 뚜쟁이, 인신매매에 이르기까지 화려한 범죄 행각으로 경찰의 블랙리스트에 올랐다. 하지만 어찌된 일인지 항상 운이 좋아서 불법 도박도 경찰과의 숨바꼭질도 늘 그의 승리로 끝이 났고, 덕분에 '러키'라는 별명을 얻었다. 1929년 10월 19일은 그 별명의 진가를 보여 준 날이다. 경쟁자의 의뢰를 받은 3명의 남자가 그를 덮쳐 칼로 찔러 중상을 입힌 후 스태튼아일랜드 외딴 창고의 들보에 묶어 두었지만 기적적으로 구출되었다. 정말이지 '러키' 루치아노가 아닌가!

1930년대 로어 이스트 사이드는 5개의 이탈리아 마피아 패밀리가 장악하고 있었다. 러키 루치아노가 보스로 있었던 제노비스를 비롯해 감비노, 보난노, 루케스, 콜롬보가 패권을 두고 끊임없이 싸웠으며 동맹을 맺거나 배신하고 습격하기를 밥 먹듯 했다. 하지만 결국 '카포 디 투티 카피Capo di tutti capi', 즉 보스 중의 보스 자리는 루치아노의 것이었다. 루치아노는 경찰과도 긴밀한 관계를 유지했기 때문에 감방에 들어갈 일이 없었다.

하지만 1933년, 부패로 악명이 높았던 지미 워크의 뒤를 이어 피오렐

리틀 이탈리아에 있는 레스토랑 움베르토 클램 하우스는 마피아들이 자주 이용했다.
1972년 조이 갈로가 이곳에서 총에 맞아 사망했다.

로 라가디아가 뉴욕 시장이 되어 조직범죄와의 전쟁을 선포하면서 상황은 급변했다. 러키 루치아노는 1936년 법정에 섰고 세간의 이목을 끈 재판에서 30년형을 선고받는다. 그러나 역시 그는 '러키' 루치아노였다. 역사의 아이러니이지만 미국의 제2차 세계대전 참전이 구원의 여신이었다. 미국 보트와 군용 수송선이 몇 차례 조난 사고를 당하면서 돌발 사건이 터지자 미국 해군은 루치아노와 접촉을 꾀했다. 그의 지하 네트워크를 이용해 미국 군사 작전을 지원하고 독일 스파이 활동을 차단하려는 목적이었다. 몸은 여전히 감옥에 있었지만 항구 노동자와 노동조합에까지 힘이 미치는 광대한 네트워크가 그의 손아귀에 있었다.

　　제2차 세계대전이 끝난 후 공식적인 조사 결과 루치아노가 미군과 협력한 사실이 확인됐다. 형량을 20년이나 남겨 놓은 1946년에 그는 미국을 떠난다는 조건 하에 감옥에서 석방되었다. 1946년 2월 8일, 그는 배를 타고 뉴욕항을 떠나 이탈리아로 향했다. 잠시 풀헨시오 바티스타^Fulgencio Batista 친미 정권이 다스리는 쿠바에서 살기도 했는데 마피아와 결탁해 카지노 사업에 손을 댄 독재자가 루치아노의 유대인 친구 메이어 랜스키를 자신의 고문으로 임명했다. 물론 그는 얼마 후 피델 카스트로^Fidel Castro에게 쫓겨나고 만다. 쿠바에서 껄끄러운 존재가 되자 루치아노는 이탈리아로 돌아가 마피아 사업과 대규모 마약 거래 조직을 구성했다.

나폴리 공항에서 갑작스럽게 숨을 거두다

1962년 1월 26일, 그는 나폴리 공항에서 심근경색을 일으켰다. 자신의 전기를 써줄 작가를 마중 나온 참이었다. 미국 정부도 시신이 되어 돌아온 그의 입국을 막지는 않았다. 러키 루치아노는 퀸스의 세인트 존스 묘지에 묻혔다. 그로부터 얼마 후, 루치아노의 전설적인 삶을 영화화하기 위한 시나리오들이 이미 나돌고 있던 시기에 캐나다 일간지 〈캘거리 헤럴드 Calgary Herald〉에 다음과 같은 제목의 기사가 실렸다. "루치아노 역의 배우가 마피아에게 살해 위협을 당하다."

1990년대까지도 조직범죄의 아성이었던 로어 이스트 사이드는 물론이고 그사이 세력이 형편없이 줄어든 남쪽의 리틀 이탈리아에도 여전히 러키 루치아노와 그의 마피아 동지들이 남긴 흔적들이 많이 남아 있다. 그중 한 곳이 움베르토 클램 하우스^Umberto's Clam House **39** C/D5다. 이 작은 레스토랑은 여전히 옛 분위기가 남아 있는 몇 안 되는 거리 중 하나인 멀베리 스트리트^Mulberry Street에 자리 잡고 있다. 현재 이 거리에는 이탈리아 식당과 피자집, 아이스크림 가게들이 줄지어 서 있다. 그랜드 스트리트 모퉁이의 한 건물에는 작은 이탈리안 아메리칸 박물관^Italian American Museum **16**

C/D5이 자리 잡고 있다. 움베르토 클램 하우스에서는 1972년 마피아 보스 조이 갈로가 총에 맞아 죽었다. 40여 년이 지난 지금도 여전히 그곳 주방에서는 이탈리아 음식이 끓고 있다.

바로 맞은편에는 이탈리안 레스토랑 라 멜라^{La Mela} 26 D5가 있다. 가게의 벽에는 마피아 보스들과 그들의 배역을 맡았던 배우들의 사진이 줄지어 붙어 있다. 누렇게 변한 흑백 사진 한 장에서는 천연두 자국이 뚜렷한 러키 루치아노가 양복을 입고 모자를 쓴 채 능글맞은 표정으로 우리를 쏘아본다. 오싹 소름이 돋는다. 부온 아페티토^{buon appetito}! 맛있게 드세요!

데 로베르티스 파스티체리아 13 E5

176 1st Avenue, New York
▶지하철 : 1번 애버뉴1st Avenue

라 멜라 26 D5

167 Mulberry Street, New York
www.lamelarestaurant.com
▶지하철 : 커낼 스트리트Canal Street

움베르토 클램 하우스 39 C/D5

132 Mulberry Street, New York
www.umbertosclamhouse.com
▶지하철 : 커낼 스트리트Canal Street

이탈리안 아메리칸 박물관 16 C/D5

155 Mulberry Street, New York
www.italianamericanmuseum.org
▶지하철 : 커낼 스트리트Canal Street

조지 거슈윈 1898~1937

유럽 클래식과 미국 재즈를 섞어 뉴욕의 사운드를 창조하다

러시아 유대인 이민자의 아들 거슈윈은 유럽 클래식과
미국 재즈를 접목시켜 새로운 타입의 매혹적인 음악을 창조한다.
그의 대표작 〈랩소디 인 블루〉는 오늘날까지도 음악회의 단골 메뉴다.

뉴욕 에올리언 홀의 공기는 숨이 턱턱 막혔다. 환기가 되지 않아 벌써부터 쏟아지는 졸음과 사투를 벌이는 관객들도 눈에 띄었다. 단 한 사람만이 어찌나 흥분했는지 자신의 심장 소리가 북소리처럼 귀를 때렸다. 이제 곧 그의 차례였다. 젊은 작곡가는 관객들을 잠에서 깨울 수 있을까? 시간에 쫓기며 만든 곡을 오케스트라가 과연 잘 소화해 낼 수 있을까? 불과 몇 분 전에 완성해 리허설조차 제대로 못 해본 곡이었다.

　뉴욕 음악가 조지 거슈윈은 25살이 되던 해, 에올리언 홀의 유명한 지휘자였던 폴 화이트먼으로부터 아주 특별한 음악회를 열 예정인데 곡을 써줄 수 있겠느냐는 부탁을 받았다. 마침 브로드웨이 뮤지컬 곡을 작곡 중이었던 거슈윈은 일정이 빠듯하다는 이유로 그의 청을 거절했다. 그러나 화이트먼이 기획한 음악회는 공연일보다 4주나 앞선 1924년 2월 12일, 이미 뉴욕 신문들이 앞다퉈 공연 소식을 문화면에 전할 정도로 세간의 큰 기대를 모았다.

1935년의 조지 거슈윈. 〈랩소디 인 블루〉로 미국에 새로운 사운드를 선사한 젊은 뉴욕인.

조지 거슈윈은 도전을 두려워하는 남자가 아니었다. 어릴 적부터 에너
지가 넘쳤고 이미 16살 되던 해 음악 역사상 최연소 송 플러거song plugger. 악
보를 사러 온 고객에게 직접 곡을 연주해 들려주는 연주자가 되어 브로드웨이Broadway 6 F4로
입성했다. 그는 연주를 아주 잘했다. 작곡 경험도 있었다. 작곡한 곡 중 몇

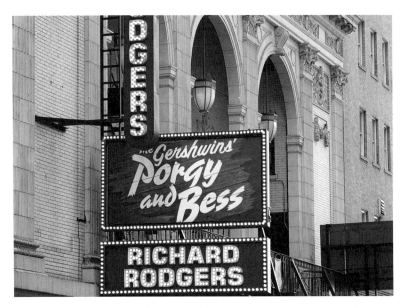

1935년에 초연한 오페라 〈포기와 베스〉는 2012년에도 브로드웨이 리처드 로저스 극장에서 공연되었다.

곡은 이미 성공을 거두었다. 결국 그는 화이트먼의 청을 받아들여 시간이 촉박함에도 불구하고 작업에 돌입했다.

조지 거슈윈은 1898년 9월 26일, 동유럽 이민자의 아들로 브루클린 Brooklyn A/B6/7에서 태어났다. 양친 모두 상트페테르부르크 출신이다. 어머니 로즈 브루스킨은 부유한 러시아 모피상의 딸이었고, 아버지 모리스 게르쇼비츠의 가문 역시 경제적으로 유복했다. 그러나 동유럽을 휩쓴 유대인 박해를 견디지 못하고 결국 피난길에 오를 수밖에 없었다. 1880년에서 1924년까지 2백만 명의 유대인이 뉴욕으로 건너왔다. 그리고 거의 모든 이민자들이 그러하듯 모리스 게르쇼비츠 역시 새 고향에서 이름을 바꿨다. 거슈윈의 가족은 브루클린에 정착했지만 아버지가 레스토랑 체인을 열었고 항상 일터 근처에서 살고 싶어 했으므로 자주 이사를 다녔다.

개방적인 분위기의 가족은 정통 유대 교리를 크게 따지지 않았고 금세 미국 생활에 적응했다. 장남 아이라에 이어 차남 조지가 태어났다.

형제는 타고난 기질이 완전히 달랐다. 조용한 아이라는 책을 좋아했지만 열정적인 조지는 하키와 롤러스케이트에 빠져 집에 붙어 있질 않았고 학교에서도 규율을 자주 어겼다. 그럼에도 불구하고 10살이라는 어린 나이에 인상적인 음악적 체험을 한 쪽은 심성이 부드러운 아이라가 아닌 옹고집의 작은 '골통' 조지였다. 어느 날 운동장에서 친구들과 공을 차고 있는데 바이올린 소리가 들려왔다. 심장을 파고드는 아름다운 선율이었다. 한 사내아이가 열린 창문 너머에서 드보르자크의 유머레스크를 연주하고 있었다. 이미 음악 신동으로 소문이 자자했던 8살의 막시 로젠츠바이크^{맥스로젠}였다. 그는 훗날 유명한 바이올리니스트가 되었다.

형의 피아노로 음악을 배우다

얼마나 깊은 감동을 받았던지 조지는 그 아이의 주소를 알아내 집으로 찾아갔다. 두 소년은 금방 친구가 되었다. 막시는 두 살 연상의 조지에게 피아노를 가르쳐 주었고 클래식 음악을 소개했다. 2년 후, 어머니는 장남 아이라에게 피아노를 사주었다. 하지만 아이라는 금방 싫증을 냈고, 피아노는 동생 차지가 되었다. 형 대신 피아노 레슨을 받은 조지의 실력이 어찌나 빠른 속도로 늘었던지 피아노 선생님 찰스 햄비처도 깜짝 놀랄 정도였다. 경험 많은 교사는 아이의 잠재력을 간파했고 그에게 바흐, 베토벤, 리스트, 쇼팽 같은 클래식뿐 아니라 라벨, 드뷔시 같은 현대 작곡가들의 곡들도 가르쳤다.

가정은 엄한 엄마 로즈가 지휘했다. 자식을 위해서라면 최선을 다하는 유대인 엄마답게 그녀는 조지가 상업학교를 끝까지 마쳐야 한다고 고집했다. 그래도 조지는 음악을 들을 수 있는 기회라면 어디든 달려갔다. 클래식 음악회에도 가고 할렘의 재즈 클럽에도 찾아갔으며 브로드웨이의 레뷔^{춤과 노래, 시사풍자 등을 엮어 구성한 가벼운 촌극}도 놓치지 않았다. 결국 그는 16살이 되던 해 학교를 그만두고 '틴 팬 앨리^{Tin Pan Alley}'에 합류했다. 20세기 초 뉴욕 28번 스트리트 일대는 브로드웨이에 노래를 공급하는 음악 출판사들이 모여 있었다. 당시 이 거리에 들어서면 사방에서 양철 팬을 두드리는 듯한 소리로 시끄러웠다고 한다. 작곡가들과 악보를 사가려는 사람들이 여기저기에서 피아노를 두드리며 불협화음을 만들었던 것이다. '틴 팬 앨리'라는 말은 거기서 유래했다.

그러니까 조지 거슈윈도 이제 틴 팬 음악을 만들게 된 것이다. 그는 한 음악 출판사에서 '송 플러거'로 일했고 자기 출판사의 악보들을 28번 스트리트를 넘어 브로드웨이의 극장, 레스토랑, 호텔에서도 연주했다. 그 옛날 인디언들이 다니던 길, 그러나 이제는 연극과 뮤지컬의 중심이 된 브로드웨이는 맨해튼 반도를 가로지른다. 조지는 그곳에서 활동하는 음악가들에게 자기 출판사의 악보를 열심히 팔았고 그러는 사이 자연스럽게 어빙 시저, 프레드 애스테어, 어빙 벌린, 제롬 컨 같은 유명한 동료들과 친분을 쌓았다.

더불어 그는 화성악과 작곡 이론도 공부했다. 그리고 2년 후, 남의 곡은 충분히 연주했다는 생각에 직접 곡을 쓰겠다고 선언했다. 가사는 문학에 관심이 많아 학교 다닐 때부터 시를 잘 썼던 형 아이라가 써주었다. 그들이 처음으로 함께 만든 뮤지컬 〈착한 아가씨Lady, Be Good!〉는 프레드 애스테어와 그의 누나 아델 애스테어가 주연을 맡아 대대적인 성공을 거뒀다. 1920년 중반 거슈윈 형제는 미국 엔터테인먼트 산업을 주도하는 작곡가와 작사가가 되어 성공을 향해 거칠 것 없이 질주했다.

에올리언 홀의 분위기는 그사이 더 침울해졌다. 관객들은 이미 20곡이 넘는 연주를 들었다. 러시아 작곡가 세르게이 라흐마니노프와 이고르 스트라빈스키도 객석에 앉아 있었다. 모두가 따분해했고 실망했다. 객석이 술렁였다. 이제 조지 거슈윈이 무대로 나가 연주할 차례였다. 끝에서 두 번째 순서였다. 그는 마음을 다잡고 무대로 걸어가 피아노 앞에 앉았다. 갑자기 클라리넷 연주자가 울부짖는 글리산도[비] 교적 넓은 음역을 빠르게 미끄러지듯 소리 내는 방법로 심포니의 시작을 알리자 객석에서 다시 긴장감이 감돌았다. 그는 숨을 크게 들이쉬고 즉흥 연주를 시작했고 〈랩소디 인 블루Rhapsody in Blue〉의 재즈 리듬에 몸을 맡겼다.

"연주를 하다가 언제부턴가 울기 시작했다. 정신을 차리고 보니 악보가 10장이나 더 넘어가 버렸다. 지금까지도 그때 내가 무슨 짓을 했는지 기억나지 않는다." 그 전설의 밤을 조지 거슈윈은 이렇게 추억했다. 마지막 음이 채 멎기도 전에 관객들이 우르르 일어섰다. 전염성 있는 리듬과 경쾌한 가벼움이 무기력에 빠져 있던 관객들을 낚아챈 것이다. 클래식과 재즈를 접목하려던 원래의 목표도 멋지게 성공했다. 마침내 유럽 클래식의 그늘에서 벗어난 새로운 음악이 탄생한 것이다.

그의 음악은 살아 숨 쉬는 미국이다

공연 다음 날 〈뉴욕 타임스The New York Times〉는 '완전히 독창적인 곡'
으로 자신만의 의미 있는 스타일을 보여 준 젊은 작곡가의 비범한 재능
을 칭송했다. 가장 미국적인 재즈 심포니 〈랩소디 인 블루〉는 파리와 런
던, 브뤼셀, 몬테카를로의 대형 공연장에서 울려 퍼졌고 지금까지도 관객
들의 마음을 사로잡는 음악회의 단골 메뉴다. 훗날 뉴욕 필하모니 오케스
트라를 이끌고 이 심포니를 연주한 뉴욕의 지휘자 레너드 번스타인은 핵
심을 찌르는 한마디로 〈랩소디 인 블루〉를 정의했다. "이것은 살아 숨 쉬
는 미국이다. 조지가 너무나 잘 알았던 미국의 대도시 생활, 미국 사람들,
미국의 라이프스타일, 미국의 힘, 미국의 위대함이다." 반세기가 지난 후
뉴욕의 유명 작가이자 배우, 영화감독인 우디 앨런은 〈랩소디 인 블루〉
에 아주 특별한 오마주를 선사했다. 스스로가 열정적인 재즈 팬이자 클
라리넷 연주가인 그는 이 멋진 곡으로 자신의 흑백 영화 〈맨해튼Manhat-
tan〉(1979)의 문을 열었다.

〈랩소디 인 블루〉이후 거슈윈은 뉴욕 심포니 소사이어티를 위한 〈피
아노 협주곡 F 장조〉(1925)와, 피아노와 오케스트라를 위한 〈제2 랩소
디〉(1931)를 썼다. 1931년에는 형과 함께 최초의 음악 코미디 〈그대를 나
는 노래합니다Of Thee I Sing〉를 발표해 퓰리처상을 받았다. 역시나 큰 인
기를 누렸던 거슈윈 형제의 다른 작품으로는 〈파리의 미국인An American
in Paris〉(1928), 포크 오페라 〈포기와 베스Porgy and Bess〉(1935)가 있다. 특
히 〈포기와 베스〉는 1959년, 루이 암스트롱과 엘라 피츠제럴드의 협연으
로 영화로 만들어져 큰 성공을 거두었다.

1937년, 조지 거슈윈은 창작의 최고봉에 도달했다. 그의 심포니 작품
들은 국제 음악회의 고정 레퍼토리가 되었고, 브로드웨이 노래들은 치솟

는 그의 명성에 날개를 달아 주었다. 하지만 그 모든 것이 어느 날 갑자기 끝나 버렸다. 1937년 7월, 캘리포니아에서 일하던 중 쓰러진 그는 38살이 라는 젊은 나이에 뇌종양으로 사망했다.

그러나 거슈윈의 음악은 죽지 않았다. 〈포기와 베스〉에 나오는 〈서머 타임Summertime〉과 〈아무것도 없네I Got Plenty o'Nuttin〉는 바브라 스트 라이샌드, 빌리 스튜어드, 재니스 조플린 같은 스타들의 리메이크 곡으로 대중의 사랑을 받았다. 뉴욕에는 거슈윈 극장이 두 곳 있다. 브로드웨이 거슈윈 극장Gershwin Theatre Broadway **15** J3과 브루클린 거슈윈 극장이다.

리처드 로저스 극장 **27** J3
226 West 46th Street, New York
www.richardrodgerstheatre.com
▶지하철 : 타임스 스퀘어Times Square

브로드웨이 거슈윈 극장 **15** J3
222 West 51st St, New York
www.gershwin-theater.com
▶지하철 : 50번 스트리트50th Street

브루클린 거슈윈 극장
2900 Bedford Avenue, Brooklyn
www.gershwin-theater.com
▶지하철 : 플랫부시 애버뉴-브루클린 칼리지Flatbush Avenue-Brooklyn College

루이 암스트롱 1901~1971

재즈의 전설, 퀸스에서 영혼의 안식처를 찾다

그는 죽는 날까지 퀸스에서 살았고 심금을 울리는 재즈 트럼펫과

누구도 모방할 수 없는, 깊고 거친 음성으로 읊조리듯 부르는

스캣 창법으로 사람들의 마음을 사로잡았다.

"신사 숙녀 여러분, 이제 미국에서 제일 귀여운 꼬마를 여러분에게 소개
하겠습니다. 그가 여러분께 장기를 선보이겠습니다." 환호성이 터져 나왔
고, 미시시피 증기선의 댄스홀이 웃음으로 넘쳤다. 루이 암스트롱의 최연
소 팬은 키가 겨우 그의 무릎 언저리까지 왔다. 뉴올리언스 출신의 약골
꼬마는 어린아이답게 열정을 다해 흔들리는 갑판에서 비틀비틀 탭댄스
를 추더니 빨개진 뺨으로 모자를 벗어 들고 한 바퀴 순례를 했다.

평생 잊을 수 없었던 유년기의 그 여름, 금발의 남부 꼬마 트루먼 커포
티는 '돈도 벌고 명예도 얻어' 자부심이 넘쳤다. 위대한 '새치모^(Satchmo, 큰 입
이라는 뜻의 루이 암스트롱의 애칭)'가 자신의 쇼에 꼬마 팬을 초대한 것이었다.

"위대한 새치모는 분명 오래전에 잊어버렸을 것이다. 그래도 그는 나의
베스트 프렌드였다. '완벽한 갈색의 붓다'는 소문대로 웃음기가 떠나지
않는 표정으로 뉴올리언스와 세인트루이스를 오가는 유람선에서 연주했
다." 트루먼 커포티는 그사이 상류 사회를 비판하는 유명 작가가 되어 뉴

1970년의 루이 암스트롱. 사람들은 그를 새치모라고 불렀다. '엄청 큰 입' 혹은 '가방 입'이라는 뜻이다.

욕에 살고 있었다. "그의 트럼펫이 터트리는 귀여운 분노, 프랑스식으로 꽥꽥거리며 시도 때도 없이 늘어놓는 '컴 온 베이비'는 내 어린 시절의 일부가 되었다. 그 배에서 미시시피의 달이 떠올랐고, 나는 강가를 지나가는 도시의 더러운 불빛을 보았고, 무적霧笛소리와 흘러가는 강물과 여전

대가와 제자들. 루이 암스트롱은 동네 아이들에게 트럼펫을 가르쳤다.

히 '스톰프! 스톰프!' 뒷굽으로 발을 쿵쿵 굴러 박자를 맞추며 히죽 웃는 붓다의 목소리를 들었다. 그가 〈On the Sunny Side of the Street〉를 연주하는 동안 허니문 중인 신혼부부들은 혼신을 다해 버니 허그[20세기 초, 미국에서 유행한 춤]를 추었다."

루이 암스트롱은 아이들을 좋아했다. 하지만 안타깝게도 자기 자식은 얻지 못했다. 대신 훗날 퀸스의 자기 집 계단에 이웃 사내아이들을 불러 놓고 음악을 가르쳤다. 퀸스의 루이 암스트롱 하우스 박물관에서 판매 중인 엽서에도 카메라를 향해 환하게 웃고 있는 행복한 표정의 어린아이들이 가득하다.

퀸스에 있는 루이 암스트롱의 집은 뉴욕을 대표하는 유명인의 흔적을 따라가는 여행길에서 가장 감동적인 장소 중 한 곳이다. 그의 집은 뉴욕 최대의 자치구인 퀸스에서도 중산층이 모여 사는 코로나에 있다. 조용하고 녹음이 짙은 퀸스의 주거 지역은 맨해튼이나 브루클린과 확연히 구분된다. 남부 소도시들이 으레 그렇듯 목조 베란다의 파스텔 톤 주택들이 거리를 따라 쭉 늘어서 있다. 당시에는 흑인 중산층이 많이 살았지만 지금은 남미 이민자들의 주거 지역으로 바뀌어 지하철에서 그의 집까지 가는 길을 온통 싸구려 가게들이 점령했다.

뉴올리언스에서 시카고를 거쳐 뉴욕으로

루이 암스트롱은 뉴올리언스에서 그야말로 '찢어지게 가난한' 흑인 노예 후손의 집안에서 태어났다. 공장 노동자였던 아버지는 가정에 별 도움을 주지 못하는 사람이었다. 부모가 이혼한 후 루이는 어머니와 살았는데 어머니와 함께 지내는 여러 남자들을 새아버지라고 부르며 자랐다. 7살 때부터 길에서 신문을 팔아 살림에 보탰다. 그 뒤에는 러시아에서 온 유대인 키르노프스키 가족의 집에서 일했는데 그 시절부터 음악에 관심이 생기기 시작했다. 당시 뉴올리언스의 술집이나 댄스홀에서는 음악을 직접 연주했고 손님을 끌기 위해 길에서 연주를 하기도 했으므로 재즈를 쉽게 접할 수 있는 환경이었다. 키르노프스키 집안도 형편이 넉넉지는 않았지만 루이가 코넷을 사고 싶어하는 것을 알고는 악기 살 돈을 빌려주기도 했다. 루이는 10살 무렵 다른 아이들과 합창단을 만들어 거리에서 노래를 부르며 돈을 벌었다.

중고품 코넷을 독학으로 익히며 음악에 대한 열정을 키워 갔으나 13살 되던 해에 의붓아버지의 권총을 들고 거리를 돌아다니다 새해맞이 축제 분위기에 휩쓸려 신나게 방아쇠를 당기는 바람에 루이는 소년원에 가게 된다. 그러나 그곳에서 본격적으로 코넷을 배우게 되는 뜻밖의 행운이 찾아온다. 당시 음악으로 비행청소년들을 교화시키던 소년원 음악 교사가 루이에게 처음으로 체계적인 음악 교육을 한 것이다. 그는 소년원 아이들로 조직한 밴드에서 실력이 뛰어나 리더가 되기도 했다.

　소년원에서 출소한 루이는 자립하기 위해 석탄을 나르고 우유 배달을 하며 돈을 벌었다. 그리고 낮에 무슨 일을 하든 밤에는 꼭 연주를 했다. 축제가 있을 때면 밴드를 조직해 뉴올리언스 거리를 돌아다니며 연주하고 노래해 돈을 벌기도 했다. 그 즈음 어린 시절의 우상이었으며 훗날 후원자이자 동료가 되는 조 '킹' 올리버를 만나게 된다.

　1917년 즈음, 미국이 제1차 세계대전에 참전하면서 항구 도시 뉴올리언스에 생긴 해군 기지에서 불미스러운 일이 발생하고 급기야 뉴올리언스의 유흥가 스토리빌이 폐쇄되는 사태가 벌어진다. 많은 음악가들이 침체된 뉴올리언스 대신 새로운 일자리를 찾아 떠났다. 1918년, 조 올리버 역시 시카고로 떠났는데 그는 자신이 떠나면서 공석이 된 '키드 오리 밴드'의 코넷 연주자 자리를 루이가 물려받도록 주선한다.

　차츰 연주자로서의 실력을 인정받기 시작한 루이 암스트롱은 미시시피 강을 운항하던 증기선의 선상 밴드에서 연주할 기회를 얻는다. 그리고 연주가 없을 때는 밴드 단원들에게 음악 이론을 배웠다. 그동안은 귀로 듣는 것만으로 노래와 곡조를 익혀 왔기 때문이다.

　1922년에는 올리버의 제안으로 루이 역시 시카고로 가서 킹 올리버 밴드에 합류해 활동했다. 1924년엔 뉴욕의 밴드에서 1년간 활동하기도 했지만 다시 시카고로 돌아와 다른 여러 밴드에서 연주 활동과 음반 작업을 하면서 악기도 코넷에서 트럼펫으로 바꾼다. 실력을 인정받고 수많은 재즈 팬들이 생겨나며 스타가 되자 마침내 자신의 밴드를 이끌고 1929년 본격적으로 뉴욕으로 진출했다.

퀸스의 목조 주택이 새치모의 안식처

1943년, 세 번째 아내 루실과 퀸스로 이사 갈 당시 그는 이미 음악계의 전설이 되어 있었다. 전 세계에서 연주회를 열었고, 흑인 최초로 유명한 피플 매거진 〈배니티 페어Vanity Fair〉의 표지 모델이 되었다. 냉전 중에는 미국 대표로 중국과 소련을 방문했으며 심지어 전쟁으로 피폐해진 벨기에령 콩고에서도 트럼펫을 불었다. 〈서푼짜리 오페라The Threepenny Opera〉에 나오는 〈세인트루이스 블루스St. Louis Blues〉, 〈세시봉C'est si bon〉, 〈헬로 돌리Hello Dolly〉, 〈이 얼마나 멋진 세상인가What a Wonderful World〉 등의 음악은 물론이고 그가 연기한 할리우드 영화들 역시 큰 인기를 누렸다. 그러므로 중산층 출신의 아내 루실이 추천한 멋진 집에서 여유 있게 살 수도 있었을 것이다. 하지만 그는 퀸스를 좋아했고 퀸스를 고집했다.

할렘의 코튼 클럽에서 흑인 여성으로는 최초로 춤을 춘 루실은 퀸스의 집을 개조하고 확장하는 데 온 힘을 쏟았다. 벽은 물론이고 벽장 안까지 우아한 크림색 벽지를 발랐다. 또한 실내 디자이너를 고용해 항상 최신 유행 인테리어를 유지했다. 덕분에 그의 목조 주택은 진정한 동네 토박이 아저씨 집답게 이웃들에게 멋진 전경을 선사했다.

루이 암스트롱은 할렘의 코튼 클럽이나 아폴로 극장에 출연하지 않을 때는 순회공연을 떠났다. 그는 여행을 좋아했지만 그에 못지않게 집에 도착해 아내를 다시 품에 안는 순간도 좋아했다. 대부분은 집에서 아내를 한참 찾아야 했는데 그가 순회공연을 간 사이 아내가 집을 완전히 바꿔 버리기 때문이다. 벽을 허물고 방을 바꾸고 가구를 새로 들였다. "여보, 여기가 예전에 욕실 아니었나?" 루이의 이런 코믹한 외침은 둘 사이의 단골 농담이 되었다. 두 사람은 금슬 좋은 부부였고, 그 사실은 루이가 미친 듯이 만들어 댔던 녹음테이프와 사진을 통해서도 확인할 수 있다. 루이는 아내와 점심을 먹으며 나누는 대화에 이르기까지 정말로 모든 것을 녹음했다.

예전 그대로 보존된 재즈 천재의 집

루이 암스트롱은 파티를 즐겼다. 우아한 거실에는 지금도 그가 손님들을 위해 연주하던 하얀 피아노가 놓여 있다. 부부는 퀸스에서 30년을 살았다. 그 집이 지금까지도 예전과 다름없이 유지될 수 있었던 것은 집을 후세에 기념 장소로 남기고자 한 루실의 결심 덕분이다. 그 집은 지금도 부부가 언제라도 현관문을 열고 나올 것처럼 옛 모습 그대로 잘 보존되어 있다. 루실의 협탁에는 그녀가 보던 낡은 성경책이 놓여 있고 은색 벽지를 바른 옷장에는 교회에 입고 갔던 옷들이 걸려 있다.

　어느 날, 평소보다 오래 걸렸던 순회공연을 마치고 집으로 돌아온 루이는 깜짝 놀랐다. 루실이 원래 욕실을 그대로 두고 당시로서는 믿기 힘들 정도로 우아한 또 하나의 욕실을 만들어 놓은 것이다. 사방이 거울이었고 수도꼭지는 금이었다. 라스베이거스 스타일의 작지만 최신 유행의 욕실은 한 고급 패션 잡지에 '부자들이 사는 법'이라는 풍자적인 제목으로 소개되기도 했다. 남편을 사랑한 루실은 루이가 욕실에서 시간을 많이 보낸다는 사실을 잘 알았다. 루이가 어릴 때부터 변비로 고생했기 때문이다. 지금 그의 집에는 루이가 격식을 따지지 않고 스스럼없이 영국 왕실 사람들에게도 권했던 변비약 '스위스 키스'도 그대로 보관돼 있다. 또한 루이는 열정적인 수집가였고 지칠 줄 모르는 일벌레였다. 그는 두 권의 전기와 수많은 글을 썼고 팬들의 편지에 일일이 직접 답장을 했다.

수십 년 동안 쉬지 않고 연주 활동을 해 말년에는 건강이 좋지 않아 고생했던 루이 암스트롱은 1971년 7월 6일, 자신의 집에서 심근경색으로 생을 마감했다. 그의 유해는 집에서 그리 멀지 않은 퀸스의 플러싱 묘지에 안장되었다. 퀸스의 집은 루실의 뜻에 따라 루이 암스트롱 하우스 박물관으로 꾸며졌다.

루이 암스트롱 하우스 박물관

34–56 107th Street, Queens
www.louisarmstronghouse.org
▶지하철 : 103번 스트리트 – 코로나 플라자Corona Plaza – 103rd Street

아폴로 극장

253 West 125th Street, New York
www.apollotheater.org
▶지하철 : 125번 스트리트125th Street

코튼 클럽

656 West 125th Street, New York
www.cottonclub–newyork.com
▶지하철 : 125번 스트리트125th Street

Lee Strasberg

리 스트라스버그 1901~1982
수많은 월드 스타를 배출한 전설적인 스타 트레이너

전설적인 스타 트레이너는 세계에서 가장 유명한 연기 학교를 세웠다.
말론 브랜도, 더스틴 호프만, 제임스 딘, 제인 폰다, 폴 뉴먼이
그에게 연기를 배웠다.

맨해튼의 중심, 복잡한 유니언 스퀘어Union Square **40** F4에서 동쪽 방향으로
좁은 도로가 나 있다. 뉴욕에서 흔히 사용하는 도로명 주소대로라면 이곳
은 15번 스트리트 이스트15th Street East여야 마땅하다. 또 실제로도 그렇다.
하지만 노란 신호등 위쪽의 초록색 표지판에는 '리 스트라스버그 웨이Lee
Strasberg Way'라고 적혀 있다. 뉴욕이 낳은 위대한 연기 스승께 바치는 오마
주다. 그가 책임자로 있었던 연기의 명당 액터스 스튜디오The Actors Studio **33**
H/J3에서는 말론 브랜도, 더스틴 호프만, 제임스 딘, 로버트 드 니로, 알 파
치노, 하비 키텔, 폴 뉴먼, 베트 미들러, 제인 폰다 같은 세계적인 스타들
이 연기 훈련이나 교육을 받았다.

교차로에서부터 벌써 리 스트라스버그 연기 학교The Lee Strasberg Theatre & Film
Institute **17** F5의 파란 깃발이 보인다. 바로 옆에는 미국 성조기가 흩날린다.
그곳에서 불과 몇 걸음만 가면 동유럽 이민자의 아들 리 스트라스버그가
액터스 스튜디오의 전통을 이어받아 1969년에 설립한 연기 학교가 나타

뉴욕의 연기 교사 리 스트라스버그. 그의 학교는 세계적인 스타들을 수없이 많이 배출했다.

난다. "무대에 서는 사람은 누구나 자신이 살아 있다는 것을 보여 준다" "신경과민은 네가 너의 역할보다는 자기 자신에게 더 몰입했다는 증거다" 같은 그의 가르침은 지금까지도 전 세계 배우들에게 표현력 훈련이 얼마나 중요한가를 깨우쳐 주는 대목이다.

유니언 스퀘어는 바로 근처의 리 스트라스버그 연기 학교 학생들이 즐겨 찾는 만남의 장소다.

흰색 창틀이 달린 튼튼한 빨간 벽돌집에는 연극, 댄스, 음악 스튜디오
들이 자리하고 있다. 그 낮은 건물 앞에는 벤치와 나무가 늘어서 있고, 노
을이 깔리는 어스름 무렵이면 복고풍의 가로등이 따뜻하고 푸근한 빛을
비춘다. 정오 무렵에는 점심시간을 이용해 밖으로 몰려나온 대학생들 때
문에 리 스트라스버그 웨이에 활기가 넘친다. 태풍이 불거나 소나기가 오
거나 눈이 내리는 날이 아니라면 모두들 삼삼오오 벤치에 모여 앉아 이야
기를 나누고 담배를 피우면서 힘든 연기 수업의 긴장을 풀거나 기타의 화
음으로 기분을 돋운다. 아니면 삼삼오오 짝을 지어 인도에 서서 토론을
하다가 유니언 스퀘어의 핫도그 가게로 향하거나 반스 앤드 노블^{Barnes &}
^{Noble} 4 F5 서점의 카페로 들어가 조용히 공부한다.

30개국이 넘는 나라에서 학생들이 몰려오다 보니 수업 과정도 국제적

이다. 이곳에서 1~2년 착실히 수업을 받고 기본 교육을 완전히 끝마치는 사람들이 있는가 하면, 4주 기한의 '메소드 연기$^{\text{method acting}}$' 워크숍에서 실력 향상을 꾀하는 사람들도 있다. 모스크바 출신의 연출가 콘스탄틴 스타니슬라브스키의 혁신적 연기론에 바탕을 두었으며, 맡은 역할에 몰입할 수 있는 '완전히 새로운 통로'를 열어 주는 이 연기법은 전문 연기자들도 반드시 통과해야 하는 필수 코스로 자리 잡았다. 이런 연기법 이외에도 댄스, 태극권, 대본 분석, 캐릭터 연구, 노래, 카메라 및 조명 기술 같은 과목도 커리큘럼에 올라 있다.

리 스트라스버그는 1901년 11월 17일 부드자노프에서 태어났다. 원래 이름은 이스라엘 리 스트라스버그였다. 그 당시만 해도 부드자노프는 오스트리아 헝가리 제국의 영토였지만 현재는 우크라이나 영토로 편입되었고 이름도 부드노프로 바뀌었다. 그가 8살 되던 해 가족은 뉴욕으로 이민을 왔고 이스라엘과 세 여동생은 히브리 고등학교를 다녔다. 그는 성인이 되자마자 이름을 리 스트라스버그로 바꾸고 혁신적인 실험 극단 '미국 실험실 극장$^{\text{American Laboratory Theatre}}$'에서 연기 수업을 받았다.

스트라스버그의 이론은 모스크바에서 왔다.

문화적 전성기를 맞은 1920~1930년대 뉴욕은 전 세계 예술 사조를 마음대로 실험할 수 있는 자유로운 무대였다. 러시아의 연출가 콘스탄틴 스타니슬라브스키의 아방가르드 이론 역시 이곳에서 비옥한 땅을 찾았다. 리 스트라스버그와 스타니슬라브스키의 만남은 스타니슬라브스키 모스크바 연기 집단의 초대 공연을 계기로 이루어졌다. 그들의 공연을 관람한 스트라스버그가 너무나 깊은 인상을 받은 나머지 스타니슬라브스키 기법의 기초를 공부하게 된 것이다.

1931년 그는 해럴드 클러먼, 셰릴 크로퍼드와 함께 '그룹 시어터'를 설립했다. 진보적인 이 극단은 뉴욕에서 전투적인 반전극과 사회 비판적 작품들로 이름을 얻었다. 그룹 시어터가 해체되자 연출가 엘리아 카잔이 1947년 몇몇 동료들과 함께 액터스 스튜디오를 설립했다. 그리고 1951년, 카네기홀에 이어 '사회 연구를 위한 뉴 스쿨^{현재의 뉴스쿨 대학교}'에서도 개인 교습을 하던 리 스트라스버그가 액터스 스튜디오를 책임지게 되면서 이 연기 학교는 국제적으로 명성을 얻기 시작했다.

훈련하고, 훈련하고, 또 훈련하라

스트라스버그는 외적 역할과 내적 감정을 녹여 하나로 만들라는 스타니슬라브스키의 기초를 프로이트의 정신분석학적 이론을 활용해 더욱 확대했다. "인간에게는 예술적 표현의 기본 욕망이 있다. 내가 말하는 예술적 표현이란 자기 연출이 아니라, 일상생활에선 완벽하게 표현할 수 없지만 표현하지 않으면 안 되는 것들을 말과 행동으로 옮기려는 욕망이다." 그의 신조는 이러했다.

연기를 잘하려면 맡은 배역의 모든 것을 정확히 알아야 한다. 그 배역의 환경과 성격, 행동 동기를 정확히 연구하고 분석해야 한다. 그러나 그 못지않게 배우 자신의 감정과 느낌도 중요하므로 그것을 파악하기 위한 특수 훈련이 필요하다. 배우는 오감을 총동원해 의식적, 무의식적 경험을 연구하고 정신적, 신체적 표현 가능성을 최대한 끌어내 맡은 배역에 창의적으로 적용해야 한다. 이 과정은 여러 단계의 훈련을 거친다. 그리고 각 단계마다 긴장 완화 훈련과 상상력 훈련이 포함된다. "혹독한 노력이 없다면 기적은 일어나지 않습니다. 성자도 혹독하게 노력하지 않으면 성자가 될 수 없는 법입니다." 스트라스버그는 연기를 가르칠 때마다 이런 말

리 스트라스버그가 1965년의 한 워크숍에서
배우 샬렘 루드윅의 연기를 분석하고 있다.

로 학생들의 용기를 북돋웠다.

　연출가 엘리아 카잔은 1955년 〈뉴
욕 헤럴드 트리뷴New York Herald-
Tribune〉에 실린 한 글에서 리 스트라
스버그는 '타고난 스승'일 뿐 아니라
학생들에게 완벽하게 집중하는 '비범
한 재능'을 갖춘 인물이라고 칭송했
다. 수업, 리허설, 분석, 지도, 경청, 설
명, 연구, 독려, 반복, 발견이 그의 삶이라고 말이다.

　'메소드 연기' 교육을 받은 배우들의 리스트는 미국 배우 인명사전과
다를 바 없다. 안젤리나 졸리나 스칼렛 요한슨은 물론이고 아카데미상을
수상한 오스트리아 배우 크리스토프 발츠와 독일 여배우 프란카 포텐테
도 뉴욕이나 로스앤젤레스의 리 스트라스버그 연기 학교를 거쳐갔다.

　하지만 이런 엄청난 성공에도 불구하고 모든 사람이 스트라스버그를
지지한 것은 아니었다. 할리우드의 아이콘 마를레네 디트리히는 '메소드
연기' 이론을 대단하게 생각지 않는다고 공공연하게 떠들었다. 어떤 기자
가 그 점에 대해 질문하자 그녀는 "전 속으로 1부터 10까지 세는 게 더 도
움이 되거든요"라고 당당하게 대답했다.

　바브라 스트라이샌드와 사라 제시카 파커가 다녔던 맨해튼 다운타운
의 연기 학교 HB 스튜디오를 졸업한 뉴요커 조셉 런던 역시 배우에게는
연기의 강도를 조절하는 것이 더 중요하다고 말한다. "제가 아는 어떤 여

배우는 무대에 서면 자기 역할에 너무 몰입하는 바람에 일주일에 두세 번밖에 무대에 오를 수가 없었습니다. 정신적으로 완전히 탈진해서 더는 연기를 못했던 거지요."

조셉 런던은 자기 역할과 그 감정에 매몰된 배우의 연기는 금세 지루해진다고 말한다. "훌륭한 배우가 되는 길은 여러 갈래입니다. 마를레네 디트리히 역시 배역에 필요하다면 메소드 연기 기법을 적극 활용했을 것입니다." 리 스트라스버그 역시 유사한 말을 한 적이 있다. "메소드 연기란 모든 배우가 연기를 잘하면 절로 나오게 된다."

스트라스버그의 연기 이론은 교과서는 물론 《브리태니커 백과사전》에도 실려 있다. 그는 하버드, 예일, 캘리포니아 대학교에서 학생들을 가르쳤고 모스크바, 파리, 보훔에서 세미나를 개최했다. 또 1974년에는 프란시스 포드 코폴라 감독의 〈대부 2Mario Puzo's The Godfather Part II〉(1974)에 직접 출연해 아카데미 남우조연상을 받기도 했다.

마릴린 먼로에게 지대한 영향을 행사하다

마릴린 먼로 역시 죽기 몇 년 전 리 스트라스버그에게 수업을 받았다. 스트라스버그와 두 번째 부인 파울라는 그녀에게 트루먼 커포티의 소설을 영화화한 〈티파니에서 아침을Breakfast At Tiffany's〉(1961)에 출연하지 말라고 조언했다. 여주인공의 역할이 먼로가 맡기에는 너무 '지적'이라는 이유 때문이었다. 당시 먼로의 남편 아서 밀러는 못마땅하게 생각했지만 스트라스버그 부부는 마릴린 먼로에게 지대한 영향력을 행사했고, 결국 먼로는 출연을 포기했을 뿐 아니라 스트라스버그 부부를 유산 관리인으로 임명했다. 그 일로 먼로의 남편 아서 밀러는 리 스트라스버그를 협잡꾼이라고 몰아세웠다. 다른 사람들도 그 점을 들어 스트라스버그를 비판했는데 엘리아 카잔 역시 스트라스버그가 배우들을 구속한다고 비판했다. 스트라스버그가 '전능하신 스승님'으로 군림하면서 배우들을 완전히 노예로 삼는다고도 했다.

전설적인 리 스트라스버그 연기 학교 1층에는 붉게 칠한 문이 있다. 문을 열고 들어가면 스트라스버그 스튜디오의 주 무대인 '마릴린 먼로 시어터'가 나온다. 사무실 벽 한쪽에는 사진 한 장이 걸려 있는데 우표로 발행된 마릴린 먼로의 초상화다. 액터스 스튜디오는 이제 더 이상 연기 교육을 하지 않는다. 지금은 프로 연기자들을 위한 공익 예술 리허설 무대로만 이용된다. 1982년 설립자가 세상을 떠난 후 리 스트라스버그 연기 학교는 세 번째 부인 안나가 이끌어 가고 있다.

액터스 스튜디오 33 H/J3

432 West 44th Street, New York
www.theactorsstudio.org
▶지하철 : 42번 스트리트 - 포트 오소리티 버스 터미널42nd Street - Port Authority Bus Terminal

리 스트라스버그 연기 학교 17 F5

Lee Strasberg Way / 15th Street East, New York
www.strasberg.com
▶지하철 : 14번 스트리트 - 유니언 스퀘어14th Street - Union Square

반스 앤드 노블 4 F5

33 East 17th Street, New York
www.barnesandnoble.com
▶지하철 : 14번 스트리트 - 유니언 스퀘어14th Street - Union Square

아서 밀러 1915~2005

마릴린 먼로의 세 번째 남편이 된 미국 최고의 극작가

미국을 대표하는 좌파 지식인 아서 밀러와

여리고 의존적인 금발의 여배우 마릴린 먼로의 만남은

그야말로 두 세계의 충돌이었다.

39살의 뉴욕의 극작가 아서 밀러는 얼마 전 마릴린 먼로를 만났다. 두 사람을 모두 아는 연출가 엘리아 카잔이 로스앤젤레스에서 만남의 자리를 마련한 것이다. 너무나도 성향이 다른 두 사람의 만남이었다. 전형적인 미 동부 해안의 유대인 지성인, 할리우드를 데카당스의 아성으로 여겨 엄청난 돈의 유혹에도 시나리오 집필을 거절했던 남자. 촉망받는 할리우드 스타, 의지와 다르게 섹스 심벌이 되어 버린 여자, 여리고 의존적이며 교양과 지식에 대한 열망이 넘치고, 무엇보다 자신의 보호자가 되어 줄 아버지와 같은 '남자'가 필요했던 여자.

　아서 밀러는 그 자리에서 사랑에 빠지고 말았다. 그는 사회 비판적인 연극 〈세일즈맨의 죽음Death of a Salesman〉으로 브로드웨이에서 이미 명성이 자자했던 작가였다. 아서 밀러는 할리우드가 그를 위해 주최한 파티에 먼로를 초대했고 직접 차를 운전해 데리러 갔다. 그런 자상함에 먼로는 감동했다.

1949년의 아서 밀러. 그해 그의 연극 〈세일즈맨의 죽음〉이 초연되었다.

그럼에도 두 사람이 뉴욕의 가장 매력적인 커플이 되기까지는 2년이란 시간이 흘렀다. 아서 밀러는 유부남이었다. 그는 '욕망의 가시가 남긴 핏자국'을 안은 채 양심의 가책에 괴로워하며 가족이 있는 브루클린 하이츠$^{Brooklyn Heights}$ **7** ^{A7} 로 돌아갔다. 아내 메리 그레이스 슬래터리와 두 아이

가 그곳의 아담한 집에서 살고 있었
다. 메리는 오랫동안 직장 생활을 하
며 가족을 부양했다. 그러니 이제 와
서 퓰리처상을 타고 돈을 많이 벌게
되었다고 아내를 버릴 수는 없었다.
하지만 아무리 노력해도 먼로를 잊을
수 없었다. 그러던 차에 먼로는 전직
야구 선수 조 디마지오와 두 번째 결혼을 한다.

아서 밀러는 1915년 10월 17일 뉴욕에서 태어났다. 폴란드에서 미국으
로 이민 온 유대인 가족의 아들이었다. 아버지는 할렘에서 의류 제조업으
로 자수성가했다. 아들에게 무대 바이러스를 전염시킨 장본인은 배움의
열의가 넘치고 연극을 좋아했던 어머니였다. 그는 8살 때부터 브로드웨
이Broadway **6** F4에서 공연을 보았다. 무대 커튼이 올라갈 때까지 흥분으로
가슴이 두근거렸다. 어머니는 아들의 음악적 재능도 키워 보려 했지만 실
패했다. 밀러는 음악 선생님의 바이올린보다는 테니스를 더 좋아했다.

유대식 교육도 그리 큰 성공을 거두지는 못했다. 그는 유대교당에서 증
조부의 무릎에 앉아 자신만의 종교를 창조했다. 그가 너무나 좋아했던 증
조부는 타고난 이야기꾼이어서, 세상을 떠나는 순간까지도 멋진 이야깃
거리를 남겼다. 증조부의 죽음에 얽힌 이야기는 아서 밀러의 자서전《타
임 벤즈*Timebends*》(1987)에 나와 있다. 당시 90살 무렵이던 증조부는 마지
막이 가까워졌음을 느끼고 랍비를 불러오게 했다. 그런데 기도가 끝나고

랍비가 집을 떠나자 벌떡 일어나더니 베개 밑을 마구 뒤졌다. 그 순간 증조부의 정신이 또렷해졌다. 다이아몬드가 든 주머니가 사라진 것이다! 증조부는 분노에 떨며 벌떡 일어섰고 지팡이를 짚고 매디슨 애버뉴를 지나 유대교당까지 걸어가서는 '정의의 몽둥이'로 랍비를 살짝 두들겨 팬 후 훔쳐간 재산을 내놓으라고 요구했다. 그렇게 다이아몬드를 다시 찾은 뒤에야 증조부는 흡족한 표정으로 다시 임종의 자리로 돌아왔다고 한다.

경제 위기가 그를 키웠다

1920년대에 밀러의 가족은 센트럴 파크 북쪽 자락의 할렘에서 살았다. 그때까지만 해도 세상이 제대로 돌아가는 듯했지만 결국 월스트리트Wall Street [42] B5의 주식 폭락은 세계 경제를 나락으로 떨어뜨렸다. 아버지의 공장 역시 무사하지 못했다. 가족은 브루클린으로 이사했다. 대학에서 문학을 전공한 아서는 학비를 벌기 위해 접시도 닦고 항구 노동자로도 일했다. 그 과정에서 노동자들의 삶을 알게 되면서 진심으로 그들 편이 되고자 했다. 하지만 교양 있는 중산층 출신의 유대인은 아웃사이더였다. 그는 경제 위기를 미국 사회 이면의 위선이 가차 없이 폭로된 '도덕적 재앙'으로 생각했다.

사회 비판적인 작품 소재는 이런 깨달음에서 비롯된 것이다. 글쓰기는 그에게 일종의 자기 연구 행위였다. 1944년 첫 희곡 〈행운을 잡은 사나이 The Man Who Had All the Luck〉가 뉴욕에서 초연되었다. 성공은 33살 되던 해 〈세일즈맨의 죽음〉과 함께 찾아왔다. 비정한 경제 시스템과 자신의 거짓된 인생으로 파멸한 세일즈맨 윌리 로먼의 비극을 그린 연극이었다. 아메리칸 드림의 이면을 고발하는 그 작품은 1949년 브로드웨이에서 초연되어 젊은 작가를 하룻밤 사이 유명 인사로 만들었다. 뉴욕이 그의 발밑에 납작 엎드렸다.

렉싱턴 애버뉴Lexington Avenue J5에 기자들이 벌떼처럼 몰려들었다. 지하철
역에서 사진의 역사를 새롭게 쓴 장면이 연출되고 있었다. 때는 1954년,
빌리 와일더가 〈7년 만의 외출The Seven Year Itch〉에서 잊지 못할 지하철
환풍구 장면을 찍은 것이다. 마릴린 먼로가 환풍구 바람에 날리는 치마를
부여잡았다. 사진작가들은 열광했지만 먼로의 남편 디마지오는 안타깝
게도 그렇지 못했다. 《마릴린 먼로와 아서 밀러》의 저자 크리스타 메르커
에 따르면 다음 촬영일에 먼로는 전보다 더 많은 분을 얼굴에 찍어 발랐
다. 그 직후 그녀는 이혼장을 접수시켰고 뉴욕으로 이사했다. 그리고 스
트라스버그 부부에게 연기 수업을 받으며 아서 밀러를 몰래 만났다.

어느 날 밤, 그사이 집을 나온 아서 밀러는 네바다의 공중전화 부스에
서 있었다. 마릴린 먼로는 얼마 전 〈버스 정류장Bus Stop〉(1956)의 촬영을
마쳤고 다시 절망에 빠졌다. "오, 대디, 혼자서는 못하겠어요." 그녀가 전
화기 저편에서 훌쩍였다. 아서 밀러는 너무 놀라 기절할 것만 같았다. 그
리고 그녀와 결혼해 영원히 보호해 주리라 결심했다.

냉전 시대였다. 미국의 국내 정세政勢가 급격히 차가워졌다. 공화당 의
원 매카시가 지식인들을 상대로 히스테릭한 공산주의자 사냥을 사주했
다. 공산당 당원인데다 《시련The Crucible》(1953)이라는 작품을 써서 이러
한 시대 분위기를 조롱했던 아서 밀러 역시 FBI의 사정권에 들었다. 그는
악명 높은 '비미非美활동특별조사위원회'의 청문회에 출석해야 했다. 그
리고 청문회 중에 마릴린 먼로와 결혼할 생각이라는 사실을 공개하며 그
때문에라도 관청은 압수한 자신의 여권을 즉각 돌려줘야 한다고 주장했
다. 여론이 돌변했다. 모두가 환호했다. 꿈의 커플이 아닌가!

결혼식은 1956년 여름에 열렸다. 먼로는 남편을 위해 유대교로 개종했

매력적인 커플 아서 밀러와 마릴린 먼로.
1956년의 모습.

고 좋은 아내가 되기 위해 힘껏 노력
했다. 시어머니의 레시피대로 생선
요리도 만들고 직접 국수를 밀어 만
들기도 했다. 밀러 부부는 서턴 플레
이스Sutton Place 32 K6에서 살았다. 퀸스
보로 브리지Queensboro Bridge와 브루클린
이 한눈에 내다보이는 이스트 리버
변의 부촌이었다. 훗날 마이클 잭슨,
아리스토텔레스 오나시스, 스타 건축가 아이오 밍 페이, 배우 시고니 위
버도 그곳에서 살았다.

하지만 서로에게 거는 기대가 너무 컸고, 서로에 대한 이미지는 너무
비현실적이었다. 얼마 못 가 관계는 삐걱대기 시작했다. 먼로는 두 번이
나 임신했지만 두 번 다 유산했다. 결혼 전 아내가 천사라고 생각했던 밀
러는 결혼 직후 그녀를 예측할 수 없는 어린애라고 비난했다. 그러던 차
에 경제관념이라고는 없던 먼로가 자기 회사를 차렸다. 그리고 날이 갈수
록 스트라스버그 부부와 공포증을 치료한답시고 독한 수면제를 처방해
주는 무능력한 정신과 의사들에게 목을 맸다. 밀러 부부는 시골에 낡은
집을 샀고, 먼로가 그 집을 신축하고자 했다. 설계는 얼마 전 구겐하임 박
물관의 설계를 마친 프랭크 로이드 라이트에게 부탁했다. 하지만 설계도
는 서랍에서 나오지 못했다. 너무 비용이 많이 들었기 때문이다. 아내를
기쁘게 해주기 위해 밀러는 할리우드에 대한 선입견을 억누르고 맞춤 시

나리오를 썼다. 〈어울리지 않는 사람들Misfits〉(1961)은 사회에 적응하지 못하는 고집 세고 강한 여자의 이야기였다. 지금껏 먼로가 어쩔 수 없이 맡아야 했던 금발 여자와는 정반대되는 인물이었다. 하지만 먼로는 망설였고, 남편은 그 모습에 다시 상처를 받았다.

꿈의 결혼이 깨지다

클라크 케이블과 마릴린 먼로가 주연을 맡은 영화 〈어울리지 않는 사람들〉은 성공했지만 부부는 파경을 맞았다. 둘은 너무 달랐다. "마릴린은 모든 것을 용서하는 관능적 애인이 아니었다. (중략) 자기부정적인 나의 삶과 어울리는 여자가 아니었다." 아서 밀러는 이렇게 자조적으로 고백했다. 1961년 11월 11일, 그들은 결국 이혼했다.

이듬해 5월, 매디슨 스퀘어 가든Madison Square Garden **18** G3에서 개최된 존 F. 케네디의 생일 파티 행사장에서 몸에 딱 달라붙는 반짝이는 옷을 입은 먼로가 마이크를 잡고 "대통령 각하, 생신 축하드립니다"라고 속삭였다. 그녀가 마지막으로 참석한 공식 행사였다. 그로부터 3개월 후 36번째 생일을 보낸 직후, 로스앤젤레스 브렌트우드에 있는 자택 침대에서 숨진 채 발견되었다. 그녀의 죽음이 자살이었는지 단순한 사고였는지는 여전히 수수께끼다.

뉴욕 사람들은 예나 지금이나 마릴린 먼로를 여신처럼 숭배한다. 아직도 도시 곳곳에 그녀가 살아 있다. 센트럴 파크Central Park K3/4의 기념품 매장에는 먼로의 얼굴이 새겨진 사진, 티셔츠, 가방을 판매한다. 앤디 워홀의 작품을 파는 갤러리에서도 초상화 속에서 환한 미소로 손님을 맞이한다.

1962년, 아서 밀러는 오스트리아 사진작가 잉게 모라스Inge Morath와 세 번째 결혼을 했다. 새 작품《추락 후에*After the Fall*》(1964)를 무대에 올리기 위해 의논 중인 밀러와 엘리아 카잔의 사진이 있는데 아내 모라스의 작품이다. 그리고 1960년대에는 6년 동안 전설적인 첼시 호텔^{Chelsea Hotel} **11** G3에서 살았다. 첼시 호텔은 2011년부터 손님을 받지 않지만 건물 정면 붉은 벽돌에 박힌 표지판은 여전히 아서 밀러를 기리고 있다.

밀러는 2005년 2월 10일, 세상을 떠났다. 그로부터 2년 후 프랭크 로이드 라이트는 마릴린 먼로와 아서 밀러를 위해 설계했던 건물을 현실로 옮겼다. 바로 하와이의 마우이 섬에 자리한 골프 클럽이다.

매디슨 스퀘어 가든 **18** G3

2 Pennsylvania Plaza, New York
www.thegarden.com
▶지하철 : 34번 스트리트 - 펜 스테이션34th Street - Penn Station

브루클린 하이츠 **7** A7

브루클린
▶지하철 : 클라크 스트리트Clark Street

서턴 플레이스 **32** K6

미드타운
▶지하철 : 렉싱턴 애버뉴 - 59번 스트리트Lexington Avenue - 59th Street

첼시 호텔 **11** G3

222 West 23rd Street, New York
▶지하철 : 23번 스트리트23rd Street

레너드 번스타인 1918~1990

〈웨스트사이드 스토리〉, 뉴욕판 로미오와 줄리엣

〈웨스트사이드 스토리〉를 작곡한 전설의 작곡가는

카리스마 넘치는 지휘자이자 뛰어난 피아니스트였다.

또한 다정다감한 선생님이었고 매력적인 기록을 남긴 기록자였다.

1943년 11월 14일 뉴욕의 흐린 일요일 아침, 도시는 아직 잠에 빠져 있었다. 레너드 번스타인 역시 비몽사몽이었다. 전날 밤 라디오 시티 뮤직홀 Radio City Music Hall **25** J4에서 열린 음악 행사에 참석했고 늦은 시각까지 사람들과 어울렸다. 흠뻑 마신 술과 담배 때문에 새벽 4시가 지나서야 겨우 잠자리에 들었다. 그토록 바라던 꿈이 이루어진 그날 새벽, 그는 무슨 꿈을 꾸었는지 기억하지 못했다. 기억나는 것은 전화벨 소리에 놀라 잠에서 깨어났다는 것뿐이다.

25살의 음악가는 피곤한 몸을 일으켜 전화기를 더듬었다. 수화기 저편에서 그를 부른 사람은 카네기홀 Carnegie Hall **10** K4 부매니저 브루노 지라토였다. 그가 전한 소식은 충격적이었다. 오스트리아 출신 마에스트로 브루노 발터 Bruno Walter가 독감에 걸려 오늘 저녁 콘서트를 지휘할 수 없게 되었다는 것이다. "레니, 농담이 아냐. 얼른 옷을 입게." 지라토가 말했다. 번스타인은 정신이 번쩍 들었다. "오늘 저녁에요? 리허설도 없이?" "맞아, 리허

레너드 번스타인은 세계 유명 오케스트라들을 지휘했다. 1982년, 콘서트 리허설에서의 모습.

설도 없이. 그러니까 어서 일어나라구!" 번스타인은 자리를 박차고 일어
났다. 카네기홀의 보조 지휘자로 임명된 것이 불과 몇 달 전이므로 한 번
도 뉴욕 필하모니 오케스트라와 연주해 본 경험이 없었다. 정신을 차리려
고 찬물에 샤워를 하자니 어제 이미 사전 경고를 받았다는 생각이 어렴풋

이 떠올랐다. '브루노 발터가 몸이 안 좋아. 준비를 하고 있게…….' 하지만 보조 지휘자가 정말로 무대에 오르는 일이 얼마나 되던가? 그러나 걱정한들 아무 소용이 없다. 이미 너무 늦었다. 방송사에서도 올 것이고 그의 연주가 전국으로 생방송될 것이다.

악장 존 코릴리아노가 안절부절못하는 지휘자를 달랬다. "걱정하지 마세요. 우리가 뒤에 있으니까." 드디어 막이 올랐다. 마에스트로 브루노 발터가 아쉽게도 지휘를 할 수 없게 되었다는 소식을 전하는 순간 객석이 술렁거렸다. 그러자 지라토는 다시 덧붙였다. 브루노 발터 대신 처음으로 미국 지휘자가 뉴욕 필하모니 오케스트라를 지휘할 것이라고, 그의 이름은 '이 나라에서 태어나고 자라고 교육 받은, 미래가 촉망되는 젊은 음악가 레너드 번스타인'이라고.

번스타인이 무대에 올라 오케스트라에게 신호를 보냈다. 모든 것이 꿈결인 양 부드럽게 흘러갔다. 관객들은 한 곡이 끝날 때마다 우레와 같은 박수를 보냈다. 바그너의 〈뉘른베르크의 명가수The Master-Singers of Nuremberg〉(1867) 서곡의 마지막 음이 잦아들자 열광의 물결이 휘몰아쳤다. 몇몇 관객은 무대로 뛰어올랐다. 다음 날 아침 〈뉴욕 타임스〉에는 다음과 같은 기사가 실렸다. "한 편의 아름다운 미국 성공사. 그 따뜻하고 다정한 승리가 카네기홀을 가득 채우고 저 멀리 하늘로 날아올랐다." 미국 역사상 최초로 미국에서 태어나고 자라고 교육 받은 지휘자가 뉴욕 필하모니를 지휘했던 것이다. 그날 이후 번스타인의 성공은 멈출 줄을 몰랐다. 뉴욕 필하모니가 링컨 센터의 에이브리 피셔 홀^{Avery Fisher Hall} **3** K3로 이사 가기 전까지 카리스마 넘치는 번스타인은 카네기홀^{Carnegie Hall} **10** K4에서 무려 427회의 콘서트를 이끌었다.

그날, 번스타인의 부모 역시 무대 뒤에서 아들에게 축하 인사를 건네기 위해 기자들 사이를 파고들었다. 어쩌면 그 순간이야말로 젊은 지휘자에게는 최고의 승리였을 것이다. "모든 음악가는 약점이 있습니다. 레너드에게는 그 약점이 바로 아버지라는 사람입니다." 아버지 사무엘이 기자들에게 던진 이 한마디는 독실한 유대교 신자인 아버지와 자유분방한 음악가 아들이 그동안 겪어왔던 심각한 갈등을 잘 보여 준다. 사무엘 번스타인은 16살에 우크라이나에서 미국으로 건너와 종교의 가르침에 따라 성실하게 일해 자수성가한 사람이었기에 아들이 돈 벌기 힘든 음악가가 되는 것을 극심하게 반대했었다.

번스타인에게 음악은 구원이었다

번스타인은 어릴 적부터 음악이라면 사족을 못 썼다. 부모는 할머니의 뜻에 따라 아들의 이름을 루이스라고 지었지만 한 번도 그 이름으로 부르지 않았다. 그래서 레너드는 학교에 입학해 루이스 번스타인이라는 이름을 들었을 때 "루이스가 누구야?"하고 사방을 두리번거렸다고 한다. 레너드는 훗날 농담으로 그날의 혼란이 아마 자신의 '정신분열'에 초석을 놓았을 것이라고 말한 적이 있다. 클래식과 뮤지컬, 작곡과 지휘, 여자와 남자 사이를 오가며 방황했던 분열의 초석을.

"처음부터 그는 특별했다. 천식이 심했고 예민했으며 지성적이었다. 계속되는 기침과 놀라운 조숙함 탓에 만나는 사람마다 그에게서 깊은 인상을 받았다." 동생 버튼은 훗날 형을 이렇게 기억했다. "병약한 레니는 명석했다. 항상 학교에선 최고였고 무리에선 우두머리였다."

번스타인은 5살 때부터 창턱을 피아노 삼아 가상의 건반을 두드렸다. 친구와 둘이서 자기들끼리만 통하는 말을 만들기도 했다. 그는 훗날 유대인을 싫어하던 이웃사람들이 무서웠노라고 회상했다. 음악은 구원이었고 그와 평생을 함께 한 위대한 열정이었다. "갑자기 나만의 세상을 찾았다. 마음이 강해졌고, 삶이 달라졌다. 비밀은 안전한 우주를 찾았다는 것이었다. 그 우주는 바로 음악이다. 음악의 세계에 있을 때는 그 누구도 나를 해칠 수 없었다."

12살 되던 해 그는 밴드를 결성했고 피아노 교습을 받기 위해 돈을 벌었다. 16살부터 작곡을 시작했으며 재즈 클럽을 전전했다. 하버드 대학교에 들어가서는 언어학과 철학, 음악을 공부했고 그 후로도 필라델피아와 탱글우드에서 음악 수업을 계속 이어갔다. 그는 어디를 가건 매력과 열정으로 사람들의 마음을 훔쳤고 특히 젊은 사람들에게 큰 호응을 얻었다. "레니는 피아노를 연주한 게 아닙니다. 내내 피아노와 사랑을 나누지요." 어머니 제니의 말이다.

"1949년 1월 6일 뉴욕, 오늘 제롬 로빈스가 전화해 기가 막힌 아이디어를 들려주었다. 로미오와 줄리엣의 현대판 버전, 무대는 뉴욕 슬럼가, 앙숙인 유대 청년 갱단과 가톨릭 청년 갱단의 이야기다. 줄리엣은 유대인이고…… 길거리에서 패싸움이 벌어지며 둘 다 죽는다. 딱딱 맞아떨어진다. 제일 큰 문제는 이런 비극적 스토리를 장엄한 오페라가 아닌 코믹 뮤지컬로 풀어내야 한다는 것이다. 잘 될까? 그런 작품은 지금까지 한 번도 본 적이 없다. 나는 흥분했고……" 일기에 이 글을 쓸 당시 번스타인은 이

번스타인이 작곡한 동명의 뮤지컬을 바탕으로 만든 영화 〈웨스트사이드 스토리〉의 한 장면. 앞쪽이 조지 차키리스이다.

미 뉴욕의 수석 지휘자였다. 발레 작품 한 편과 브로드웨이 뮤지컬 한 편을 작곡했고, 자신의 유대 뿌리 때문에 특히나 감격스러웠던 첫 이스라엘 콘서트를 마친 상황이었다.

브로드웨이 안무가 제롬 로빈스Jerome Robbins의 전화를 받은 후 그는 로미오와 줄리엣의 러브스토리를 뉴욕 슬럼가에서 연출해 보자는 아이디어에 완전히 사로잡혔다. 처음 생각한 무대는 이스트 사이드였다. 그곳에서 가톨릭 갱단과 유대 갱단이 전쟁을 벌이고 있었다. 하지만 번스타인이 세계를 돌아다니며 지휘를 하고 음반을 취입하느라 작품이 무대에 오르기까지는 무려 8년의 세월이 걸렸다. 그사이 패싸움의 무대는 미국 청년 갱단 '제트'파와 이민 온 푸에르토리코 갱단 '샤크'파가 혈투를 벌이던 웨스트 사이드로 옮겨 갔다. 따라서 제목도 〈웨스트사이드 스토리West Side

Story〉로 바뀌었고 무대도 훗날 링컨 센터가 들어선 곳으로 바뀌었다.

"어제 리허설을 했다. 올리버의 무대 장치 초안이 정말 아름다웠다. 아이린은 의상 초안을 보여 주었다. 숨이 막힐 지경이다. 믿을 수가 없다. 40명의 청년이 우리를 위해 무대에 서 있다. 40명의 아이들⋯⋯. 무대에서 노래를 불러 본 적 없는 그 아이들의 노래는 가히 천상의 음악이다. 프로 대신 아마추어를 쓰자는 우리의 생각이 옳았다. 프로처럼 들리는 것은 무엇이든 작품을 망칠 것이다. 단점이 장점으로 바뀐 좋은 예다." 1957년, 번스타인은 일기에 이렇게 적었다.

6주 후, 마침내 그날이 왔다. 〈웨스트사이드 스토리〉가 무대에 오른 것이다. 지금껏 보지 못한 수준 높은 춤, 노래, 연기가 어우러졌다. "우리가 꿈꾸던 그대로였다. 오랜 기다림과 수정 작업, 고민이 보람 없지 않았다." 번스타인은 말했다. "난생 처음 본 사람처럼 울고 웃었다. 성공의 열쇠는 모두가 협력하고 해피엔드가 없어도 이 이야기는 될 것이라고 믿었던 데 있었다. 브로드웨이에서 이런 작품은 정말 드물다. 이런 작품을 함께 만들었다는 것에 나는 자부심을 느꼈다." 〈웨스트사이드 스토리〉는 영화로도 만들어져 성공을 거뒀고 10개 부문에서 아카데미상을 휩쓸었다.

음악은 공동체다

번스타인은 전 세계를 돌아다니며 지휘자, 작곡가, 피아니스트, 음악 교사로 활발한 활동을 펼쳤다. TV 프로그램을 맡아 수백만 청소년들에게 클래식 음악을 재미있게 가르치기도 했다. 지휘에 관해서는 이런 글을 남겼다. "지휘자는 자신의 감정을 제2 바이올린의 마지막 연주자에게까지 닿을 정도로 확실하게 표현해야 한다. 수백 명의 사람들이 정확히 같은 시간에 지휘자의 감정에 공감한다면, 그의 모든 표현과 내면의 변화를 따른다면, 세상에서 단 하나밖에 없는 감정 공동체가 탄생할 것이다. 그 공동체의 이름은 사랑이다.”

1989년 12월 23일과 25일, 그는 베를린 장벽의 붕괴를 축하하는 행사의 일환으로 베를린 필하모니와 베토벤의 교향곡 9번 〈합창〉을 연주했다. 독일 시인 실러의 시에 곡을 붙인 〈환희의 송가〉 가사에서 ‘환희’를 ‘자유’로 바꿔 부르면서 베토벤도 동의할 것이라 확신한다고 말했다.

1990년 10월 14일, 레너드 번스타인은 자택에서 가족과 친구들이 지켜보는 가운데 심장마비 후유증으로 세상을 떠났다. 뉴욕 시민들은 세 번의 추모 행사로 그를 기렸다. 카네기홀에서는 지휘자 번스타인을, 마제스틱 시어터에서는 브로드웨이 작곡가 번스타인을, 세인트 존 더 디바인 대성당에서는 음악 교사 번스타인을 기리는 행사가 열렸다. 그는 브루클린의 그린우드 묘지에 안장되었다.

세인트 존 더 디바인 대성당
1047 Amsterdam Avenue, New York
www.stjohndivine.org
▶지하철 : 캐시드럴 파크웨이 (110번 스트리트)Cathedral Parkway (110th Street)

에이브리 피셔 홀 **3** K3
10 Lincoln Center Plaza, New York
www.nyphil.org
▶지하철 : 66번 스트리트 – 링컨 센터66th Street – Lincoln Center

카네기 홀 **10** K4
881 7th Avenue, New York
www.carnegiehall.org
▶지하철 : 57번 스트리트57th Street

트루먼 커포티 1924~1984

상류 사회를 거침없이 비판한 천재 작가

《티파니에서 아침을》의 작가는 어디서나 논란을 불러일으켰던
뉴욕의 아이콘이었다. 뉴욕이 사랑한 작가, 뉴욕은 그의 유머를
사랑했고 그의 신랄한 비판을 두려워했다.

'작은 덩치의 피리 부는 사나이, 그는 숨어서 먹잇감이 오기를 숨죽여 기
다린다. 14살 꼬마처럼 좁은 가슴, 두꺼운 안경알.' 글로리아 반더빌트는
회고록에서 작가 트루먼 커포티를 이렇게 묘사했다. 그렇다. 기분 좋은
표현은 아니다. 하지만 그럴 만한 이유가 있었다. 커포티 역시 글로리아
반더빌트를 좋지 않게 묘사한 글을 온 세상에 공개한 것이다.

처음에는 즐거웠다. 약삭빠른 작가는 1950~1960년대 뉴욕 상류층의
인기남이었다. 그가 등장하는 곳마다 팬들이 몰려들었다. 그는 엉뚱하게
플라자 호텔Plaza Hotel 24 K4에서 무도회를 열었고, 보석을 주렁주렁 단 여자
로 변장했다. 상류층은 그의 일탈과 신랄한 지성을 아꼈고 그를 믿고 자
신들의 라이프스타일을 숨김없이 내보였다. 그러나 1975년, 커포티가
〈에스콰이어Esquire〉지에 일부를 발췌해 미리 발표하고 후에 단행본으
로 발행하려던 논픽션 소설《응답받은 기도Answered Prayers》가 세상에 공
개되자 글로리아 반더빌트를 비롯한 돈 많은 상속녀들은 큰 충격을 받았

1959년의 트루먼 커포티. 뉴욕 상류 사회의 총애를 받았던 시나리오 작가이자 소설가.

다. 실명을 거론하지는 않았지만 누가 봐도 자신들의 이야기였기 때문이다. 하지만 조금만 주의를 기울였더라면 이 신랄한 인간 전문가 커포티가 그 어떤 것도 비밀에 부치는 일이 없으며 다른 사람들처럼 떠벌리기 좋아하는 수다쟁이라는 것을 금방 눈치챘을 것이다. 1960년대 그는 언론의

티파니 건물 벽에 붙은 유명한 시계.
소설 《티파니에서 아침을》의 무대다.

가십란에 빠지지 않는 단골손님이었
고 TV쇼의 인기 게스트였다. "맞다.
나는 가십을 좋아하고 수다를 즐긴
다. 하지만 충분히 잘 알려진 일의 흥
미로운 부분에 대해서만 떠든다." 그
는 거리낌 없이 이렇게 말했다.

트루먼 커포티는 1924년 9월 30일
뉴올리언스에서 태어났다. 17살 되
던 해 〈뉴욕 타임스〉에 사환으로 들어갔고 20살 되던 해 첫 단편 소설을
발표했으며 그로부터 불과 4년 후에 첫 장편 소설 《다른 목소리, 다른 방
Other Voices, Other Rooms》(1948)을 출간했다. 그의 뛰어난 언어 구사력은
뉴욕에 대한 찬사에서도 확인된다. "이 도시는 신화다. 방과 창문, 안개를
토하는 거리들은 각자가 이 신화를 다르게 생각한다 해도 세상에서 단 하
나밖에 없는 신화다. 어떤 이에겐 다정하게 초록 불을 비추고, 어떤 이에
게는 비웃듯 빨간 불을 비추는 신호등을 눈으로 삼은 우상. 다이아몬드
빙산처럼 몇 개의 강이 동시에 씻어 주는 이 섬을 네 뜻대로 뉴욕이라 불
러라."

유머는 문학 신동의 상류 사회 데뷔에도 빠지지 않았다. 커포티의 첫
소설이 나온 지 얼마 안 되어 랜덤하우스의 사장 베넷 서프가 만찬회를
열었다. 그런데 손님 한 명이 못 오게 되자 서프는 젊은 소설가를 대신 초
대했다. 여성 작가 에드나 퍼버^{Edna Ferber}가 파티장에 1등으로 도착했다. 어

찌나 일찍 왔던지 6살 된 서프의 아들이 굿나잇 인사를 하고 있었다. 그러다 가녀린 커포티가 나타나자 그녀가 옆 사람에게 이렇게 속삭였다. "저것 좀 봐요. 서프네 사람들은 식구들을 줄줄이 앉혀 놓는 것을 정말 좋아하나 봐요. 아들한테 디너 재킷을 입혀 데리고 왔으니 말이에요. 제가 왔을 때까지만 해도 아직 잠옷 차림으로 왔다 갔다 했거든요."

보석 가게 티파니는 어떤 선물도 하지 않았다
커포티의 베스트셀러 《티파니에서 아침을Breakfast at Tiffany's》은 1958년에 출간됐다. 1961년 라디오 시티 뮤직홀Radio City Music Hall **25** J4에서 개봉한 동명의 영화는 친구인 마릴린 먼로가 주연을 맡길 바랐지만 커포티의 바람과 달리 오드리 헵번이 주연을 맡았다. 커포티와 먼로는 모로코 술집에 자주 갔다. 그곳에 가면 먼로가 구두를 구석으로 휙 벗어 던지고 동성애자 친구와 함께 식탁에서 춤을 췄다.

오드리 헵번은 검은 옷을 입은 우수에 찬 홀리 골라이틀리를 훌륭하게 연기해 뉴욕 영화의 아이콘으로 떠올랐다. 우아한 거리 5번 애버뉴Fifth Avenue E4-K4에 자리한 보석 가게 티파니Tiffany & Co. **35** K4는 원래 돈 많은 여자들이 울적한 마음을 달래러 찾는 곳이었지만 이제는 유명세를 톡톡히 누리고 있다. 건물 정면에 독특한 시계가 달린 보석 가게가 관광객들의 필수 코스가 된 것이다. 가게의 1층에는 영화에 나왔던 128캐럿 '버드 온 더 록Bird on the Rock' 다이아몬드가 번쩍이고 있다. 물론 판매용은 아니다.

하지만 정작 커포티는 티파니 사장 월터 호빙의 '감사 편지 한 통'도 받지 못했다. 황금 시가 케이스를 할인해 주지도 않았다. 커포티는 신용카드를 내밀면서도 내심 호빙이 당연히 1천 달러를 안 받겠다고 할 줄 알았다. 그런데 호빙은 전혀 그럴 생각이 없었고, 상처 받은 작가는 케이스를 도로 내려놓았다. 감사를 모르는 인간. 자신도 자타가 공인하는 속물이었지만 도저히 참을 수 없었다. 참을 수 없는 것은 그것만이 아니었다. 그는 치과에서 드릴을 쳐다볼 용기가 안 나 붕대로 눈을 가렸다. 또 어찌나 기계치였던지 타자기 리본을 바꿀 줄 몰라서 동시에 7대의 타자기를 집에 두었다.

그런 엉뚱함에도 불구하고 커포티는 철저한 조사를 기본으로 하는 명석한 작가였다. 1959년 캔자스에서 일가족 살인 사건이 발생했다. 여론이 들끓자 커포티는 현장으로 달려가 무려 6년 동안 끈질기게 조사에 매달렸다. 조사 결과도 경찰보다 훨씬 성공적이었다. 그 결과물이 영화로도 만들어진 논픽션 소설 《인 콜드 블러드*In Cold Blood*》(1966)다. "그 작품은 르포르타주가 아닙니다. 커포타주입니다." 여성 작가 레베카 웨스트는 이렇게 말했다. 커포티에게 최고의 문학적 성공을 안겨 주었지만 그만큼 너무 많은 힘을 앗아간 작품이기도 했다. 게다가 그는 술을 지나치게 많이 마셨고 마약을 했으며 미 대륙을 사방팔방 돌아다니지 않으면 우울증에 시달렸다.

트루먼 커포티, 기피인물이 되다

한참을 떠돌아다니다가도 그는 늘 다시 뉴욕으로 돌아왔다. "나는 딱딱한 포장도로와 내 구두 굽이 포장도로에 부딪쳐 만들어 내는 소리를 사랑한다. 물건이 그득한 쇼윈도와 24시간 문을 여는 레스토랑, 한밤중의 경찰차 사이렌 소리를 사랑한다. 자정에도 갈 수 있는 서점과 레코드 가게를 사랑한다. 뉴욕은 아마도 세계에서 유일한 '진짜 도시'일 것이며……."

한 친구가 브루클린 하이츠^{Brooklyn Heights} **7** A7에 널찍한 빌라를 사자 커포티는 당장 그 집에 세를 들었다. 등나무가 뒤엉킨 집 베란다는 남부에

브루클린 파크 주변의 풍경. 커포티가 잠시 살았던 곳이다.

서 보낸 어린 시절을 생각나게 했다. 그 집에서 커포티는 편안했다. 하지만 그 시절 이미 알코올과 약물에 심각하게 의존하고 있었다. 문학적 성공도 서서히 그를 떠났다. 그는 또 한 편의 논픽션 소설《응답받은 기도》로 다시 한 번 성공을 노렸다. 오랜 세월 그를 독창적인 익살 광대로 취급하며 아껴 준 상류층 사회에서 그가 직접 겪은 은밀한 체험들을 가공해 소설에 담았다. 그러나 그의 신랄한 지성은 숨길 수 없는 악의로 돌변했다. 〈에스콰이어〉지에 일부를 공개한 후 그 여파는 앞서 이야기한 부자 예술가 글로리아 반더빌트의 짜증을 돋우는 선에서 끝나지 않았다. 커포티의 소설에 등장하는 백만장자 앤 우드워드가 스스로 목숨을 끊는 끔찍한 사건이 일어났다. 그때부터 트루먼 커포티는 페르소나 논 그라타Persona non grata, 즉 기피 대상으로 전락했다.

몸도 마음도 갈 데까지 갔다. 마약 중독은 환각을 불러왔고 커포티는 병원과 요양원을 전전했다. 1984년 8월 25일, 그는 로스앤젤레스에서 약물 과다 복용으로 숨을 거두었다. 결국 《응답받은 기도》는 커포티 사후에야 출간되었다.

노먼 메일러, 전설의 작가

브루클린 하이츠는 '회색빛 일색의 도시에 핀 작은 오아시스'다. 18세기 번영기 이후 이민자와 노동자들을 불러 모으는 용광로가 된 탓이다. 이곳은 전원적 소도시의 매력을 갖춘 고급 주택지다. 고택의 창마다 제라늄이 꽃을 피우고 가을이면 구석구석 노란 낙엽 언덕이 생긴다. 젊은 엄마들이 유모차를 밀며 강변을 산책하고 커플들은 벤치에 앉아 맨해튼의 남쪽 끝과 브루클린 브리지를 바라보며 사랑을 속삭인다.

그 강변 산책길에 자리 잡은 붉은 벽돌집에 작가 노먼 메일러^{Norman Mailer}가 살았다. 커포티는 나이가 한 살 많은 메일러를 무척 존경했다. 두 사람에겐 몇 가지 공통점이 있다. 메일러 역시 1948년, 커포티와 같은 해에 첫 장편 소설로 유명세를 얻었고 그 역시 브루클린에서 성장했다. 1923년, 리투아니아에서 이민 온 유대인의 아들로 태어난 메일러는 16세가 되던 해 이미 하버드 대학교에서 공부를 시작했지만 항공 및 우주비행 엔지니어 공부를 마친 후에는 징집당해 대對 일본 전선에 배치되었다. 그때의 경험은 뛰어난 전쟁소설 《나자(裸者)와 사자(死者)*The Naked and the Dead*》(1948)에 녹아들었다.

1950년대 메일러는 맨해튼 브리지 근처의 공장형 작업실에서 살았다. 그곳에서 배우 몽고메리 클리프트^{Montgomery Clift}, 비트세대 작가 앨런 긴즈버그^{Allen Ginsberg}와 함께 악명 높은 파티를 열었다. 한 번은 메일러가 만취해서 두 번째 아내를 찔렀고 그 바람에 5년형을 선고받기도 했다.

살인자 게리 길모어와 그의 사형을 다룬 논픽션《사형집행인의 노래 *The Executioner's Song*》(1979)로 그는 두 번째로 퓰리처상을 받았다. 사건 조사 과정에서 메일러는 죄수 잭 애보트와 접촉해 그가 자서전을 출판하도록 도와주었고 조기 출소에도 힘을 보탰다. 하지만 결과는 충격적이었다. 출소한 애보트가 뉴욕의 한 카페에서 직원을 칼로 찌른 것이다.

노먼 메일러는 여생을 여섯 번째 아내와 브루클린 하이츠 저택 **19** A6 에서 보냈다. 요트를 즐겼던 그는 다락방 서재로 올라가는 계단도 선박용 사다리로 만들었다. 그곳에서 보면 항구와 이리저리 오가는 페리들이 훤히 보였고, 저 멀리 햇불을 치켜든 자유의 여신상도 보였다. 메일러는 2007년 11월 10일 뉴욕에서 급성신부전증으로 사망했다. 그의 나이 84 살이었다.

노먼 메일러의 브루클린 하이츠 저택 **19** A6

142 Columbia Heights, Brooklyn
▶지하철: 클라크 스트리트Clark Street

커포티의 집

70 Willow Street, Brooklyn
▶지하철: 클라크 스트리트Clark Street

티파니 **35** K4

727 Fifth Avenue, New York
www.tiffany.com
▶지하철: 5번 애버뉴/59번 스트리트5th Avenue/59th Street

Malcolm X

말콤 엑스 1925~1965
폭력을 버리고 존중을 택한 흑인 민권운동가

할렘의 투사 말콤 엑스는 폭력도 마다하지 않았다.
그러나 메카 순례를 통해 폭력을 버린 그는 아이러니하게도
16발의 총탄을 맞고 잔인하게 살해당했다.

125번 스트리트의 피혁 제품 가게는 셔터를 내려야만 화사해진다. 터키 블루로 칠한 함석 셔터에는 '웰컴 투 할렘'이라는 글자가 쓰여 있고, 그 위쪽엔 거리의 예술가들이 그린 초상화가 펼쳐져 있다. 월계수로 테를 두른 빨간 바탕의 사각형에 흑인 민권운동가 말콤 엑스가 있고, 그 옆으로 버락 오바마와 넬슨 만델라, 마틴 루서 킹의 얼굴이 나란히 그려져 있다. 4명의 남자는 모두 사회 정의를 위해 투쟁한 사람들이다. "웰컴 투 할렘! 어서 오세요! 할렘에 오신 것을 환영합니다!"

오래전 센트럴 파크의 북쪽 거리엔 돈 많은 백인들이 살았다. 그러다 차츰차츰 흑인들이 이곳으로 들어왔다. 1970년대만 해도 이 흑인 구역에 발을 들여놓으려면 목숨을 걸어야 했다. 지금은 모닝사이드 파크와 마커스가비 파크의 붉은 빌라들이 찬란했던 옛 영광을 되찾았고, 덕분에 바브라 스트라이샌드 같은 스타들도 이곳에 집을 구입했다. 할렘은 다시 한번 전성기를 맞이했다. 물론 아무리 그래도 어디나 다 말쑥한 모습만 있

본명 말콤 리틀, 1963년, 미국 흑인 민권운동가 말콤 엑스가 연설을 하고 있다.

는 것은 아니다. 할렘의 투사 말콤 엑스는 여전히 이곳에서 살아 숨 쉬고 있다. 큰 가로수 길과 약국 이름으로 살아 있기도 하지만, 노점상들의 티셔츠에도 안경을 끼고 수염을 기른 길쭉한 그의 얼굴이 새겨져 있다.

그는 1925년 5월 19일 네브래스카 주 오마하에서 태어났다. 본명은 말

말콤 엑스는 아직도 할렘에 살아 숨 쉬고 있다. 피혁 제품 가게의 셔터에도 그가 있다.

콤 리틀이었고 그가 태어날 당시 미국의 흑인들은 큰 사회적 변혁을 앞두고 있었다. 1865년 노예제가 폐지되었지만 흑인 차별은 여전했다. 해방된 많은 흑인들이 희망을 품고 북부의 도시로 몰려들었다. 그러나 뉴욕, 디트로이트, 시카고에서도 흑인들은 자신들의 거주지 밖으로 나오지 못했다. 남부에서는 다시 폭력적 인종주의가 고개를 들었다. 극우 농장주들이 인종차별주의적 극우비밀조직 KKK^Ku Klux Klan단을 결성해 흑인들을 괴롭혔고 집을 불태우고 흑인들을 살해했다.

말콤의 아버지 얼 리틀은 침례교 목사로 '세계흑인개선협회^UNIA' 활동에 열심이었다. 그 단체는 자메이카에서 할렘으로 이민 온 마커스 가비^Marcus Garvey가 만든 민권운동 조직이었다. 스코틀랜드인과 흑인 혼혈이었던 말콤의 어머니 루이즈 역시 가비가 발행하는 신문 〈니그로 월드The

Negro World〉에 글을 실었다. 그들이 원한 것은 생활 환경의 개선이었다. 훗날 아들이 주장했던 급진적 이념과는 거리가 멀었다.

1931년, 말콤 엑스가 7살 되던 해 아버지가 미시간에서 공식적으로는 전차 사고로 사망했다. 그러나 백인 우월주의자들의 소행이라는 설이 분분했다. 8명의 아이를 혼자 키워야 한다는 압박감에 어머니마저 정신 이상을 보여 결국 병원에 입원한다. 말콤과 형제들은 고아원에 가거나 양부모에게 입양되는 불행을 겪는다.

어린 시절 말콤은 똑똑한 학생이었다. 반장으로 선출되었고 성적도 우수했다. 친구들은 그를 '레드'나 '하피'라고 불렀다. '레드'는 스코틀랜드계 백인 외할아버지에게 물려받은 빨간머리 탓이었고, '하피'는 맹금 하르피아^{고대 그리스·로마 신화 속 전설적인 새}처럼 관심 있는 것을 모조리 집어삼킨다는 뜻이었다. 하지만 세상은 그의 학구열을 잔인하게 짓밟았다. 말콤은 평소 잘 따르던 선생님께 훗날 법학 공부를 하고 싶다고 털어놓았다. 돌아온 것은 흑인은 대학에 가봤자 아무 소용이 없다는 충격적인 대답이었다. 한참 예민한 사춘기 소년에게는 평생 잊을 수 없는 사건이었다.

감옥을 대학 삼아

말콤은 학업을 포기하고 이복누이가 사는 보스턴으로 떠났다. 그곳에서 아르바이트를 시작했다. 한동안은 할렘에서 웨이터 생활을 하기도 했다. 당시 할렘은 재즈 공연이 많아 흑인들의 메카였다. 하지만 그는 얼마 못 가 엇나가고 말았다. 마약과 술을 팔았고 절도죄로 1년 형을 선고받았던 것이다. 20살 젊은 나이에 감옥행이라니! 그러나 그것이 오히려 전화위복의 기회였다. 총명한 젊은이의 잠재력을 알아본 동료 죄수들의 격려에 힘입어 그는 책을 읽기 시작했다. 백과사전, 외국어 사전, 법과 역사에 관한 전문 서적 등 신들린 사람처럼 손에 잡히는 대로 책을 읽어 댔다. 감옥이 말콤의 대학이 되었다. 그렇게 그는 독학으로 지식과 교양을 쌓았다. 동시에 그는 감옥에 있는 동안 미국 흑인 무슬림 단체인 '이슬람 국가운동Nation of Islam'에 가입했다. '블랙 무슬림'이라고도 불리는 이 조직은 인종차별과 흑인의 자결을 위해 투쟁했다.

1952년, 가석방으로 풀려난 말콤 엑스는 디트로이트로 가서 '블랙 무슬림'의 영적 지도자 엘리야 무함마드Elijah Muhammad를 만나 그의 대변인이 된다. 그리고 모든 신앙의 형제들과 마찬가지로 성을 'X'로 바꾸었다. 미국 흑인들의 성은 원래 그들 조상의 것이 아니고 이들을 노예로 부리던 옛날의 백인 주인들이 멋대로 붙여 주었던 것인 만큼 흑인들이 정체성을 잃어버렸음을 상징하는 의미였다. 성마른 젊은이는 뛰어난 언변과 카리스마 넘치는 설교로 순식간에 인기를 얻었다. 그는 할렘에 7번 사원을 세웠고, 절망에 빠진 게토의 흑인 젊은이들을 매혹시켜 '이슬람 국가운동'의 회원 증가에 큰 공을 세웠다. 더구나 언론에도 자주 등장했기 때문에 얼마 안 가 영적 지도자보다 더 대중적인 인기를 누렸다.

말콤 엑스는 흑인 '형제들'을 뒤흔들고 싶었다. 백인의 거짓과 위선을 더 이상 참지 말라고, 마침내 일어서 억압의 사슬을 끊으라고 외쳤다. 어쩔 수 없는 경우라면 폭력도 마다하지 말라고 주장했다. KKK단이 흑인 아이들을 학살하는데 흑인들은 억지로 참고 견뎌야 하다니 그건 있을 수 없는 일이다. "멍청하지 않다면 지금껏 백인들이 했던 대로 우리를 취급하는 사람들을 사랑할 수는 없다." 아마도 같은 시기 남부에서 비폭력 시위와 파업으로 흑인 민권운동을 펼치던 마틴 루서 킹을 겨냥한 말이었을 것이다.

말콤 엑스와 그의 급진적 '블랙 무슬림'의 눈으로 보면 킹은 여전히 노

할렘의 말콤 엑스 대로에 있는 회교사원.
1950~1960년대, 말콤 엑스가 이곳에서 설교했다.

예의 사슬을 풀지 못한 '톰 아저씨'였다. "중독자가 중독에서 벗어나려면 자신이 처한 상황을 알아야 한다." 1963년, 마틴 루서 킹은 '나에게는 꿈이 있습니다'는 유명한 연설에서 모든 인종의 평화로운 공존을 주장했지만 말콤은 대부분의 흑인들에게 아메리칸 드림은 악몽이라는 말로 킹의 주장에 반대했다. 하지만 말콤 역시 얼마 못 가 영적 지도자와 결별을 선언한다. 엘리야 무함마드가 선지자의 가르침을 어기고 혼외정사를 벌였고 그 사실을 신앙의 형제들에게 숨겼던 것이다. 그 사실을 알게 된 말콤은 엘리야 무함마드에게 크게 실망하게 된다.

인생의 결정적 전환점은 메카와 북아프리카 순례였다. 메카를 순례하는 동안 그는 피부색이 달라도 평화롭게 공존하는 사람들을 직접 목격했다. 그래서 더욱더 '블랙 무슬림'과의 결별을 다짐했다. 그들의 폭력성과 비관용, 여성 차별이 코란의 가르침에 어긋났기 때문이다. "세계 각지에서 온 온갖 피부색의 순례자들을 성지 메카에서 만났다. 그리고 그곳에서 경험한 화합의 정신과 형제애에 깊은 감동을 받았다. 미국에서 살아온 평생 동안 한 번도 그런 협동의 광경을 본 적이 없었다."

1964년 봄, 말콤 엑스는 '무슬림 모스크 주식회사Muslim Mosque Incorporated'를 세워 자체적으로 민권운동을 시작했다. 이 단체는 훗날 '아프리카계 미국인 단결 기구Organization of Afro-American Unity(OAAU)'로 이름을 바꾸었다. 메카 순례 이후 흑인의 문제를 인종이 아닌 인권의 문제로서 바라보기 시작했다. 말콤 엑스에게도 백인은 때로는 협력 가능한, 결국 평화롭게 공존해야 할 '인간'이 된다. 그는 "이제 나는 누구와 미래를 함께 하며 인종 문제를 해결할 것인지 자유롭게 결정할 수 있다"라고 선언했고 이로써 그해에 노벨 평화상을 수상한 마틴 루서 킹과 대화할 준비가 되었다는 뜻을 전했다. 사회 분위기도 무르익었다. 마침 1964년 미국 '민권법'이 시행되어 인종 차별의 잔재가 완전히 제거되었다. 이제 흑인 민권운동의 양대 지도자가 손을 맞잡을 날이 얼마 남지 않았다.

오듀본 볼룸의 총격 사건

이제 말콤 엑스를 노리는 이는 FBI뿐만이 아니었다. 이슬람 국가운동 측도 말콤 엑스에게는 위협적인 존재였는데 엘리야의 최측근 존 알리는 '위대한 엘리야 무함마드에 반대하면 누구라도 목숨이 위태로워질 것'이라고 말했다. 이슬람 국가운동 측 사람들이 불시에 말콤 엑스의 집을 방문해 살해 위협을 하거나 익명의 전화로 위협하는 일도 잦아졌다.

1965년 2월, 퀸스 이스트 엘름허스트에 있던 말콤 엑스의 집에 원인 모를 화재가 발생했다. 말콤은 임신한 아내 베티 샤바즈와 딸들을 데리고 무사히 집을 빠져나왔지만 방화범은 잡지 못했다.

1주일 후인 1965년 2월 21일, 말콤 엑스는 오듀본 볼룸에서 연설을 하고 있었다. 관중석에서 세 남자가 연막탄에 불을 붙였다. 그렇게 경호원들을 따돌린 범인들은 연단을 향해 돌진해 39살의 말콤을 향해 총알을 난사했다. 말콤 엑스는 병원으로 옮겨졌으나 오후 3시 30분 사망하였다. 검시 보고서에는 가슴, 왼쪽 어깨, 양 팔과 다리에 21발의 총상을 입었으며,

가슴을 관통한 10발의 총상이 치명상이었다고 기록되어 있다.

범인들 중 한 명인 '블랙 무슬림'의 토머스 헤이건이 범행을 자백했고 종신형을 선고받았다. 그는 2010년 4월 27일 집행유예로 석방되었는데 FBI가 범행 사실을 사전에 알고도 묵인한 것이 아니냐는 의혹도 불거졌다. 현재 컬럼비아 대학의 건물이 된 오듀본 볼룸에는 말콤 엑스를 기리는 추모 장소가 마련돼 있다.

1965년 2월 27일, 할렘의 흑인 기독교 교회에서 장례식이 치러졌다. 장례식에는 존 루이스, 바이어드 러스틴과 같은 흑인 민권운동가들과 수천 명에 이르는 사람들이 참석했다. 말콤 엑스는 하츠데일의 페른클리프 공동묘지에 묻혔다.

말콤 엑스 대로
할렘
▶지하철 : 125번 스트리트125th Street

오듀본 볼룸 / 말콤 엑스와 베티 샤바즈 박사 기념 및 교육 센터
3940 Broadway , New York
www.theshabazzcenter.net
▶지하철 : 168번 스트리트168th Street

앤디 워홀 1928~1987

팝아트의 창시자이자 위대한 미국의 예술가

괴팍한데다 수줍음 많은 그래픽 화가는 세계에서 가장 성공한
팝아트 작가이자 천재적인 셀프 마케터가 되었다.
그에게 뉴욕은 실험의 장, 영감의 원천, 판매의 장이었다.

고층 건물 플랫아이런 빌딩Flatiron Building F4에서 다운타운 방향으로 브로드
웨이의 마지막 몇백 미터를 걷다 보면 2012년 5월까지만 해도 은색 반사
광에 눈이 부셨다. 유니언 스퀘어에서 우아한 자태를 뽐내는 앤디 워홀
조각상의 등에서 나온 빛이었다. 그는 자신을 상징하는 사각 쇼핑백을 손
에 들고 꼿꼿하게 서서 빛을 뿜어냈다. 브로드웨이는 그 지점에서 보행자
전용 도로로 변해 유니언 스퀘어로 접어든다.

워홀은 7살 때부터 영사기映寫機를 갖고 싶어 했다. 수줍음 많았던 창백
한 소년은 극장도 무척 좋아했다. 그는 영화 스타들의 사인이 들어간 고
광택 사진을 미친 듯이 수집했다. 또한 자신의 현실과는 너무 먼 부자들
의 세상에도 매료되었다.

앤디 워홀은 피츠버그 노동자 가정의 셋째 아들로 태어났다. 집에서는
'루테니아어'를 사용했다. 아버지와 어머니는 카르파티아 출신으로, 그리
스 가톨릭교회와 가까운 공동체인 루테니아 교회 소속이었다. 아버지가

1972년 할리우드 영화 〈히트〉에 출연한 팝아트 예술가 앤디 워홀. 그가 등장하지 않는 곳이 없을 정도로 워홀은 왕성한 활동을 펼쳤다.

일자리를 잃자 예술적 재능이 뛰어난 어머니가 깡통으로 꽃을 만들어 팔았다. "어머니는 멋진 여성이었고 원시 부족 여성들처럼 정말로 훌륭하고 꼼꼼한 예술가였다"고 아들은 회상했다. 그 아들은 훗날 〈캠벨 수프 깡통 Campbell's Soup Cans〉(1962)으로 예술계에 도전장을 내밀었다.

롬 프루이트의 작품 〈앤디 기념비The Andy Monument〉. 2012년 5월까지 워홀의 마지막 팩토리가
있던 데커 빌딩 앞에 설치됐었다.

　워홀은 카네기 공과대학에서 그래픽을 공부했고 피츠버그 백화점에서
쇼윈도 디자이너로 일했다. 그는 검은 터틀넥 스웨터를 자주 입었는데 그
옷이 창백한 피부와 그의 독특한 빨간 코를 두드러지게 해 '앤디 빨간 코
워홀라'라는 별명을 얻었다. 1947년 그는 대학생 잡지 〈카노Cano〉의 미
술 편집자 자격으로 난생 처음 뉴욕에 갔고 순식간에 뉴욕에 매료되었다.
이듬해 두 번째로 뉴욕에 갔을 때는 마침 맨해튼이 트루먼 커포티의 첫
소설《다른 목소리, 다른 방》의 탄생을 축하하는 중이었다. 워홀은 너무나
느긋한 태도로 상류층 사람들을 대하는 멋쟁이 신사 커포티에게 홀딱 반
하고 말았다. 커포티는 워홀의 롤 모델이 되었고 훗날 커포티에게 초상화
와 책 일러스트를 그려 주었다.
　1949년 여름, 학교를 졸업한 워홀은 아예 뉴욕으로 거처를 옮겼다. 한

창 붐을 이루던 뉴욕 미술계는 투철한 목적의식과 전략적 감각으로 타고난 재능을 활짝 펼치고자 하는 그에게 더할 나위 없이 완벽한 환경이었다. 처음에는 친구와 세인트 마크스 플레이스St. Mark's Place **31** E5 근처에서 살았지만 춤 치료사 프란체스카 보애스를 알게 되어 첼시에 있는 그녀의 빈 공장형 작업실로 거처를 옮겼다. 곧 〈글래머Glamour〉, 〈보그Vogue〉 같은 패션 잡지사에서 그에게 일거리를 주었다. 그는 낡은 운동화에 면바지를 입고서 나무랄 데 없는 작품을 들고 잡지 편집부를 찾아가 직원들을 놀라게 했다. '생각은 부자, 외모는 가난뱅이' 이것이 그의 신념이었다. 워홀은 그래픽 화가, 아트 디렉터, 일러스트레이터로 다방면에서 왕성한 활동을 펼쳤고 이내 각 분야에서 여러 상을 휩쓸었다.

그는 괴팍하고 귀엽고 너무 수줍음이 많다

워홀은 적극적으로 행동하는 배우라기보다 말 없는 구경꾼에 더 가까웠다. 1950년, 그는 잠시 동성애자들이 많이 사는 103번 스트리트의 셰어하우스로 이사를 갔다. 그와 함께 살았던 사람들은 그를 "괴팍하고 눈에 잘 안 띄며 귀엽고 매력적이지만 끔찍할 만큼 수줍음이 많다"고 표현했다. 그에게는 아직 자신의 동성애를 고백할 용기가 없었다. 1950년대의 미국은 동성애가 금기였고, 동성애자들이 지하로 숨어들던 시절이었다. 게다가 색소결핍증으로 피부가 하얗고 머리카락이 가늘어 어린 시절부터 놀림을 많이 받았으므로 자신감이 부족했다. 그가 신체적 접촉을 기피하고 파티장에서 침묵하는 관찰자 역할에 만족했던 이유도 그 때문인 듯하다. "자주 수줍음을 타고 정신이 딴 데 간 사람처럼 멍했지만 모두들 워홀과 이야기하고 싶어 했다. 그는 그냥 상대의 말을 경청할 뿐 아무 대꾸도 하지 않았다. 그래도 모두가 그를 좋아했다. 그에게는 친구가 정말 많았다.

그는 항상 뭔가 달랐기 때문이다. 천진난만한 아이처럼 늘 예상치 못한 말을 툭 던졌고, 그것이 사람들을 매료시켰다." 워홀의 조수였던 비토 지알로는 워홀을 이렇게 기억했다.

1957년 워홀은 성형 수술을 받았고 계속해서 밝은색 가발과 검은 선글라스를 쓰고 다녔다. 기괴한 외모는 상징이 되었다. 그는 열심히 일했고 오후가 되면 예술가 카페 세렌디피티 3^{Serendipity 3} **29** K5에 가서 얼린 바나나 케이크를 먹었다. 쇼윈도에 진열된 키치 작품들이 사람들의 눈길을 끄는, 알록달록하게 장식한 인형의 집 카페는 지금도 여전히 많은 손님들을 끌어 모은다. 워홀은 1956년 12월, 이곳에서 전시회를 열기도 했다.

수프와 코카콜라로 부자가 되다

뉴욕은 성큼성큼 유행의 선도자가 되어 유럽을 추월할 태세를 갖추었다. 재스퍼 존스^{Jasper Johns}와 로버트 라우센버그^{Robert Rauschenberg} 같은 미국 화가들이 레오 카스텔리^{Leo Castelli}의 화랑에서 작품을 전시하며 예술의 새로운 방향을 선도했다. 이름하여 팝아트였다. 워홀은 파티에서 만난 인맥 덕을 톡톡히 보았다. 그는 주력 분야를 영화와 조형예술로 옮기고 신 아방가르드의 정상을 향해 치열하게 일했다. 그의 거대한 팩토리에는 화가, 유명 인사는 물론 동성애자, 약물 중독자, 히피 등도 가족처럼 어울려 지냈다. 방탕한 파티를 열고 마약과 예술을 실험했던 다채로운 무리……. 47번 스트리트의 전설적인 작업실 실버 팩토리^{Silver Factory} J4는 대단한 해프닝의 장소였고 누구에게나 열려 있었다. "직업적으로 잘나갔다. 내 아틀리에가 있었고 날 위해 일해 주는 사람도 몇 사람이나 되었다. 그 시절에는 모든 것이 여유롭고 유연했다. 아틀리에 사람들은 밤낮을 몰랐다. 그리고 친구들의 친구까지 몰려왔다. 마리아 칼라스의 음반이 쉬지 않고 돌아갔고 엄

워홀의 유명한 32가지 맛 〈캠벨 수프 깡통〉은 현재 뉴욕현대미술관에 걸려 있다.

청난 수의 거울과 대량의 알루미늄 호일이 사방에 널려 있었다."

워홀은 은색을 좋아해서 벽에도 은색 호일을 발랐다. 훗날에는 갤러리에 황소가 그려진 벽지를 바르고 은박 풍선들을 둥둥 띄웠다. 그가 그리니치 빌리지의 세인트 마크스 플레이스에서 퍼포먼스를 하려고 빌렸던 디스코텍 돔 역시 워홀의 손이 닿자 번쩍번쩍 은빛을 발했다.

워홀은 일상의 오브제에도 주목했다. "늘 아름답다고 생각했던 아주 단순한 것들을 그립니다. 매일 쓰면서도 별생각이 없었던 물건들이죠. 지금은 수프를 작업 중이고요. (중략) 다 내가 좋아서 하는 짓이죠." 1962년 그는 인터뷰에서 이렇게 말했다. 1964년 4월, 그의 전시회를 찾은 관람객들은 슈퍼마켓 상품 저장실을 목격하고 벌어진 입을 다물지 못했다. 브릴로, 캠벨, 하인츠의 상표가 붙은 박스들이 천장까지 쌓여 있었던 것이다. 겉보기에는 평범한 워홀의 코카콜라 병들과 달리 지폐들이 순식간에 미국 라이프스타일의 상징으로 부상하면서 팝아트의 '진품'이 되었다. 그는 그것들을 나란히 진열하거나 시리즈로 인쇄했고, 복사본을 대중문화의 상징으로 유형화했다. 그림으로 그린 달러 지폐 사진 가격이 진짜 지폐의 수천 배에 달했다. 워홀은 팝아트의 아이콘이 되었고 그의 마릴린 먼로 실크스크린 초상화는 미술 역사상 가장 많이 재생산된 작품이 되었다.

총탄을 맞고도 극적으로 살아나다

1968년 6월 3일 월요일, 앤디 워홀은 여느 때처럼 자신의 작업장 '팩토리'에 출근했다. 그런데 팩토리 일원이자 그의 실험영화에 등장하기도 했던 발레리 솔라나스가 습격하는 엄청난 사건이 일어났다. 급진 페미니즘 강령으로 "남자들을 동강내라"고 호소했던 솔라나스는 워홀의 작업실 앞에서 숨어 기다리다가 그에게 3발의 총을 쏘았다. 폐, 위, 간, 식도를 관통하는 중상을 입은 워홀은 병원으로 실려가 5시간에 걸친 수술 끝에 겨우 목숨을 건졌다. 솔라나스는 경찰을 찾아가 자수해 3년형을 받고 정신병원에 감금되었다. 하지만 앤디 워홀은 이 사건으로 죽을 때까지 육체적, 정신적 후유증으로 고통 받아야 했다.

　앤디 워홀은 기존의 팩토리를 폐쇄하고 데커 빌딩Decker Building **12** F4으로 작업실을 옮겼다. 고급 가구로 장식한 우아한 작업실에서 섹스와 방종은 더 이상 없었다. 실크스크린 판매 회사를 개업했고 언더그라운드 예술가에서 성공 기업가로 변신했다. 지금껏 삶을 진지하게 생각해 본 적 없었던 워홀은 더 사람들을 기피했다. 그는 자신의 예술을 상업화했고 BMW나 메르세데스 벤츠 자동차에 그림을 그려 부자가 되었다. 또 고객들에게 무자비하게 굴던 잡지 〈인터뷰Interview〉를 창간했다. "미래에는 누구든 15분간^{아주 짧은 시간 동안}의 유명세를 누릴 수 있을 것이다"라는 워홀의 말도

이 시기에 나온 것이다.

그는 독일 예술가 요제프 보이스^{Joseph Beuys}를 만나 9장의 실크스크린을 만들었고, 1980년 나폴리에서 열린 〈요제프 보이스 바이 앤디 워홀Joseph Beuys by Andy Warhol〉 전시회에 그 작품들을 전시했다. 1983년엔 장 미셸 바스키아와 친분을 맺고 함께 작업하기도 했다.

살아 있는 동안 이미 전설이 되었으며, 동시대 문화와 사회에 대한 날카로운 통찰력과 이를 시각화해 내는 직관을 가지고 있었던 현대미술의 아이콘 앤디 워홀, 그는 1987년 2월 22일 뉴욕 병원에서 담낭 수술을 받던 중 갑작스럽게 사망했다.

데커 빌딩 **12** F4

Union Square West 33, New York
▶지하철 : 14번 스트리트-유니언 스퀘어14th Street – Union Square

세렌디피티 3 **29** K5

225 East 60th Street, New York
www.serendipity3.com
▶지하철 : 렉싱턴 애버뉴-59번 스트리트Lexington Avenue – 59th Street

세인트 마크스 플레이스 **31** E5

이스트 빌리지
▶지하철 : 애스터 플레이스Astor Place

휘트니 미술관(앤디 워홀의 다수 작품 소장)

99 Gansevoort Street, New York
www.whitney.org
▶지하철 : 14번 스트리트14th Street

Tom Wolfe

톰 울프 1931~
속물, 신사, 냉철한 관찰자, 베스트셀러 작가

1987년 발표된 톰 울프의 소설 《허영의 불꽃》에는
월스트리트의 욕망과 과대망상이 그대로 담겨 있다.
지금까지도 파급력을 잃지 않은 사회 소설이다.

톰 울프는 자칫했으면 박사 학위를 딴 사환으로 뉴욕에 발을 디딜 뻔했
다. 아무리 1950년대 말이라지만 말도 안 되는 기아임금인 주급 50달러
를 받고 가판대에서 팔리는 통속 신문 〈데일리 뉴스Daily News〉에서 사환
으로 일할 뻔했다. 명문 예일 대학에서 10년을 공부한 사람에게 어울리는
직장은 아니었지만 적어도 뉴욕이라는 거대한 버스에 발을 올릴 수는 있
었을 것이다. 무엇보다 그가 반드시 가고 싶었던 일간지였고, 더구나 도
시 중의 도시 뉴욕에 있었다. 그러나 면접장에서 한 편집자가 웃으며 이
렇게 말했다. "이제 우리도 박사 사환을 두겠군." 그것으로 끝이었다. "어
이, 박사님, 커피 한 잔 갖다 줘." 그런 시건방진 놈의 시중이나 들고 싶진
않았다. 그건 절대 안 될 말씀이다. 그래서 울프는 일단 지방의 일자리를
택했다.

그리고 6년 후, 드디어 해냈다. 버지니아주 리치먼드 출신의 저널리스
트는 〈스프링필드 유니언Springfield Union〉과 〈워싱턴 포스트Washington

베스트셀러 작가 톰 울프. 남부의 소년은 이미 오래전에 완벽한 뉴욕 사람이 되었다.

Post〉에서 이미 충분한 경험을 쌓은 후였다. 1962년, 톰 울프는 마침내 〈헤럴드 트리뷴Herald Tribune〉 기자로 세계에서 가장 스릴 넘치는 도시 뉴욕에 발을 내디뎠다. 전날 밤 작별 파티를 한 후라 몸은 피곤했지만 본명 토머스 케널리 울프 주니어는 벅찬 가슴으로 꿈의 도시에 입성했다.

뉴욕 지하철. 톰 울프는 지하철을 생명을 위협하는 곳으로 그렸지만 지금은 많이 안전해졌다.

그리고 낭만에 젖어 마천루를 향해 주먹을 치켜들며 이렇게 외쳤다. "이제 넌 내거야!" 첫 아침 식사 장소는 티파니가 아니라 싸구려 커피숍이었다. 커피, 계란, 햄이 하나같이 다 누리끼리했고 서빙해 주는 사람도 없어 자동판매기에서 그가 직접 음식을 꺼냈다. 그래도 대도시의 고독한 카우보이가 된 기분이 그리 나쁘지 않았다.

그날 아침 편집부로 가는 길에 우연히 고향 사람을 만났고 센트럴 파크의 한 집에서 열릴 예정인 저녁 파티에 초대받았다. 손님, 음악 등 모두가 브라질산이었다. 넘치는 술과 감정 덕분에 다들 순식간에 형제가 되었다. "영웅적으로, 홀로 뉴욕의 대도시 정글을 헤쳐 나가리라던 나의 낭만적인 생각은 끝이 났다." 톰 울프는 그날을 이렇게 회상했다. "비슷한 각성의 경험은 계속되었다. 몇 달이 지나자 나는 사람들로 미어터지는 지하철에

끼어 있는 것이 얼마나 낭만과 거리가 먼 일인지 절감했다." 그래도 적어도 1960년대의 뉴욕은 상대적으로 안전했다. 울프가 20년 후에 지옥으로 가는 앞마당이라고 부르게 될 브롱크스마저도 아직은 백인 애송이가 큰 위험 없이 발을 들여놓을 수 있는 곳이었다.

울프는 〈헤럴드 트리뷴〉에서 14시에서 22시까지 근무하는 오후 조에 편성됐다. 늦잠을 잘 수 있었기 때문에 밤의 세계를 한껏 즐길 수 있었다. 가족과 함께 시 외곽에 살기 때문에 그랜드 센트럴 역에서 마지막 기차를 타기 위해 허둥거려야 하는 동료들과 달리 그는 맨해튼의 그레머시 파크 Gramercy Park G4 근처에서 살았다. 몇 블록 떨어진 7번 애버뉴에 이탈리아 식당이 있었는데 그곳에서는 새벽 3시까지 피자를 팔았다.

그러나 이 대도시는 대부분의 미국인들이 담배 공장 때문에 겨우 이름을 들어 본 촌구석 리치먼드의 촌놈에게 덫도 준비해 두고 있었다. 어느 날 밤 그가 택시를 탔다. 그런데 가만히 생각해 보니 동전 몇 푼밖에 없었다. 세어 보니 1달러 1센트였다. 그는 미터기가 85센트 되는 지점에서 차를 멈추기로 마음먹었다. 그럼 기사에게 적절한 팁을 줄 수 있을 것이고 나머지 구간은 걸어가면 될 것이다. 그런데 그만 '스톱'을 외칠 시점을 놓쳐 버렸다. 미터기의 숫자가 90센트를 풀쩍 넘었다. 할 수 없이 그는 1달러가 되는 지점까지 그냥 타고 가자고 마음먹었다. 그런 다음 바지 주머니에서 동전을 꺼내 기사의 손에 쥐여 주고는 얼른 일방통행로로 달려갔다. '다행이다'하고 안도의 한숨을 내쉬었지만 그것은 뉴욕 택시 기사의 기질을 몰랐던 순진한 시골 청년의 착각이었다. 기사는 번개처럼 빠른 속도로 후진해 그를 따라잡았다. 그리고 그의 얼굴에 동전을 냅다 집어던지고는 속도를 올려 쏜살같이 달려가 버렸다. 풀이 팍 죽은 울프는 빗물에 젖은 아스팔트를 기어 다니며 동전을 주워 모았다.

흰 모자와 지팡이 , 흰 양복의 신사

20년 후, 톰 울프는 뉴욕에 완벽하게 적응했을 뿐 아니라 항상 흰 양복에 같은 색 모자와 지팡이를 들고 다니는 멋쟁이 신사로 변신했다. 고향 농장주들이 일요일에 입던 정장 차림의 그에게서는 자신만의 드레스 코드를 즐길 줄 아는 남자의 노골적인 자부심도 엿보인다. 울프에게 그 옷차림은 속물적인 옷 자랑 이상의 의미가 있다. 바로 자신만의 차별화 전략이기 때문이다.

실제로 울프는 저널리스트로서 대단한 명성을 얻었다. 그는 숙적 노먼 메일러를 비롯해 트루먼 커포티, 헌터 S., 톰슨, 게이 탤리즈와 함께 '뉴저널리즘'을 개척했다. 뉴저널리즘이란 1960년대 후반 미국에서 시작된 새로운 저널리즘 양식으로, 사건을 밀착 수사하여 보다 정확한 정보를 문학적인 언어로 실감나게 전달하는 보도 양식이다. 마침내 울프는 1980년대 뉴욕을 배경으로 표류하는 다문화 사회 곳곳의 탐욕을 탁월하게 그려 낸 《허영의 불꽃The Bonfire of the Vanities》(1987)으로 시대의 뇌관을 건드렸다. 〈뉴욕 타임스〉는 사환으로 고용하지 않았던 그를 표지 모델로 선정했다.

소설은 먼저 〈롤링 스톤Rolling Stone〉에 에피소드 형식으로 연재되었다가 단행본으로 출간되었고, 1990년 브라이언 드 팔마[Brian de Palma] 감독에 의해 영화로 재탄생했다. 《허영의 불꽃》에서 울프는 뉴욕이라는 도시의 사회 정치적 상황을 신랄하고도 숨 가쁘게 묘사했다. 또한 인간을 간파하는 예리한 감각으로 뉴욕의 인종적 상황과 각 인종들의 기질을 낱낱이 해부했다. 특권 의식에 사로잡힌 앵글로색슨계 백인 신교도 와스프[WASP], 허술하기 짝이 없는 아일랜드계 구교 경찰, 탐욕스러운 유대인 변호사, 맹신에 빠진 흑인 목사, 특종에 눈이 먼 기자 무리 등 대도시의 저널리스트 울프는 그 무엇도, 그 누구도 감추거나 보호하지 않는다. 그는 월스

돈과 광기가 넘치는 곳, 월스트리트.
톰 울프는 월스트리트의 욕망과 위선을 생생하게
그려 냈다.

트리트의 뉴욕 증권거래소^{New York Stock}
^{Exchange} **20** B4에 넘쳐나는 알파 수컷들
의 위선적 과대망상은 물론 브롱크스
빈털터리들의 탐욕도 낱낱이 까발린
다. 모두가 나름의 수단을 총동원해
케이크 한 조각이라도 더 얻어 내려
고 사력을 다해 투쟁한다. 자본주의
의 모순과 계급 투쟁, 이 해묵은 갈등
은 2011년까지도 시민들을 주코티 공원^{Zuccotti Park} **44** B4으로 불러들여 '월
스트리트 점령' 시위를 벌이게 만든다.

소설의 주인공인 투자 전문가 셔먼 매코이는 귀족적인 턱과 '헉' 소리
나게 비싼 아파트를 가진 브로커다. 그는 집을 사기 위해 은행에 엄청난
빚을 졌다. 대리석 바닥에 천장 높이가 3.5미터나 되며, 두 날개를 펼친 듯
한 형태의 건물은 한쪽에는 백인 주인이 살고, 다른 한쪽은 가정부의 공
간이다. 충실하게 의무를 다하는 도어맨과 '군살 없이 날씬한 몸매'의 아
내 외에도 매코이에게는 저녁마다 데리고 산책을 나가 애인에게 전화를
걸 때 핑곗거리로 쓸 수 있는 개 한 마리가 있다.

한마디로 매코이는 부자이며 실패해 본 적이 없고 자신을 너무나 아끼
는, 스스로를 '우주의 지배자'라 여기는 남자다. 그에게는 어린 딸 캠벨마
저도 사람들에게 내놓고 자랑할 수 있는 액세서리다. 사립 학교 교복을
입은 완벽한 천사, 그 '천사의 아버지, 유능한 남자'는 아침 일찍 딸을 스

쿨버스 타는 곳까지 바래다주면서 사람들의 부러움 섞인 시선을 한 몸에 받는다. 이렇게 성공한 어퍼 이스트 사이드의 삶 속으로 그것과 극명하게 대비되는 또 하나의 뉴욕이 돌진해 들어온다. 바로 브롱크스다. 어느 날 밤 매코이는 우연히 길을 잘못 들었다가 자신만의 법칙이 있는 대도시의 정글로 발을 디디게 된다. 그는 뺑소니범으로 기소당하고 부패 경찰과 목사, 특종을 쫓는 기자 무리에게 쫓기다 결국 브롱크스의 법정에 선다.

울프의 등장인물과 별반 다르지 않은 뉴욕의 부자들

매코이를 법정으로 실어 온 호송차의 운전사는 까무잡잡하고 땅딸막한 데다가 50살쯤 되어 보이는 잿빛 비곗덩어리 중년 사내다. 평생을 공무원으로 살아온 이 불쌍한 사람조차 죄 없이 잡혀 온 그에게 연민을 느끼는 듯 어깨를 으쓱하며 손바닥을 위로 향하고 입꼬리를 내리는, '뉴욕에서 가장 먼저 생긴' 제스처로 속수무책인 자신의 심경을 대변한다. 그것은 '반박하기도, 거부하기도 어려운 뉴욕의 자비를 향한 오래된 외침'이었다.

    20세기 최고의 스릴을 자랑하는 뉴욕 소설 《허영의 불꽃》은 사회학적, 현상학적 연구 논문으로 읽힌다. 다만 그런 논문들과는 비교할 수 없을 정도로 생생하며 집요하다. 하지만 월스트리트의 하이에나들 틈이건 브롱크스건 도시는 어디를 가나 혹독하기 이를 데 없다. 지하철을 타는 것조차 "자진해서 아주 더럽고 시끄러운 지하 감옥으로 내려가는 것"과 마찬가지다. 소설에 묘사된 지하철은 참으로 흉흉한 장소다. "때 묻은 콘크리트, 층층이 있는 철문 뒤 철문은 사방의 시커먼 가로대 사이로 환영처럼 보였다. 열차가 들어오거나 떠날 때면 어떤 거대한 강철 골격이 알 수 없는 힘의 지렛대에 의해 들어올려져 반쪽이 나는 듯 화난 금속이 고함을 질렀다." 물론 뉴욕 지하철도 많이 안전해졌지만 소음만은 여전하다.

매코이 같은 남자는 월스트리트에만 있는 것이 아니다. 항상 군살 없는 날씬한 몸매의 여자와만 결혼하는 현대판 '우주의 지배자' 중 한 사람이 바로 세계적으로 유명한 부동산 재벌 도널드 트럼프다. 그 역시 돈 자랑을 즐긴다. 5번 애버뉴의 트럼프 타워Trump Tower **38** K4는 놋쇠처럼 번쩍이는 휘황찬란한 권력의 기념비로, 서로를 비추는 무수히 많은 거울들을 이용해 이런 말을 전하려는 것 같다. "봐, 내가 해냈어!"

톰 울프는 노년의 신사답게 모자를 쓰고 지팡이를 짚고 거리를 활보하며 쉬지 않고 뉴욕의 다채로운 매력과 부패를 예리한 시선으로 파고든다.

뉴욕 증권거래소 **20** B4

11 Wall Street, New York
▶지하철 : 월스트리트Wall Street

주코티 공원 **44** B4

브로드웨이Broadway, 리버티 스트리트Liberty Street, 시더 스트리트Cedar Street, 트리니티 플레이스Trinity Place 사이
▶지하철 : 월스트리트Wall Street

트럼프 타워 **38** K4

725 5th Avenue, New York
www.trump.com
▶지하철 : 5번 애버뉴/59번 스트리트5th Avenue/59th Street

우디 앨런 1935~

천재적인 작가이자 배우, 영화감독

자신이 얼마나 뉴욕을 사랑하는지 고백하는 주인공 아이작의
내레이션으로 시작하는 영화 〈맨해튼〉, 우디 앨런의 영화를 보면
그가 얼마나 뉴욕에 빠져 있는지 알 수 있다.

"나에게 뉴욕은 항상 마법과 흥분, 기쁨의 장소다. 뉴욕이 아닌 다른 곳에
서는 절대 살고 싶지 않다." 우디 앨런의 말에서는 진심이 느껴진다. "돈
을 줘도 칼에 찔리지. 이게 뉴욕이야." 이렇게 말하는 노이로제 환자 방송
작가는 신경질적으로 손을 마구 휘저으며 커다란 검은 안경을 낀 채 어깨
너머를 돌아보며 질책과 두려움이 담긴 시선을 던진다. 아, 우디 앨런. 모
순 없는 삶이 삶이겠는가?

"미쳤다는 것은 상대적인 것일 뿐이다. 누가 누구를 진짜 미쳤다고 단정
할 수 있겠는가? 내가 좀먹은 옷을 입고, 외과 의사용 마스크를 쓰고, 혁명
구호를 외치고, 신경질적으로 웃으며 센트럴 파크를 배회한다고 해서, 과연
이런 짓거리를 미쳤다고 할 수 있을까 의문이다. 사랑하는 독자들이여! 내
가 원래부터 쓰레기통이나 뒤지며 온갖 끈이나 병마개 따위를 쇼핑백에 주
워 담는, 그 유명한 '뉴욕 거리의 미친놈'이었던 것은 아니다. 나도 한때는

뉴욕이 없었다면 그는 어떠했을까? 그가 없는 뉴욕은 또 어땠을까? 뉴올리언스 재즈 밴드와
함께 한 콘서트에서의 우디 앨런.

이스트 사이드 지역에 사는 성공한 의사로, 갈색 벤츠를 타고 동네를 돌아
다녔으며 랄프 로렌의 트위드가 아니면 입지도 않았다. 믿기 어렵겠지만 나
닥터 오시 파키스는 한때 각종 연극의 오프닝 행사나 사르디스, 링컨 센터,
햄프턴 같은 곳에 단골로 참석해서 기가 막힌 위트와 허를 찌르는 농담 실

뉴욕의 허파이자 초록의 오아시스인 센트럴 파크. 우디 앨런의 영화 〈맨해튼〉에서는 센트럴 파크가 진짜 주인공이다.

력을 자랑하던 인물이었다. 물론 지금은 배낭을 메고, 팔랑개비 모자를 쓰고, 면도도 안하고, 롤러 스케이트를 타고 브로드웨이를 질주하는 인물이 되었지만 말이다."

이것이 우리가 아는, 우리가 사랑하는 우디 앨런이다. 늘 허둥대는 남자, 패배자, 우리와 다를 바 없는 인간, 약골에 약간 찌들었지만 지성과 패션 감각이 뛰어난 남자. 솔직히 말하면 다들 독백에 빠져 허우적거리는 자신의 모습을 발견한 적이 있지 않은가?

앨런의 단편 소설집 《사이드 이펙트*Side Effects*》에 등장하는 오시 파키스라는 인물은 16살 때부터 전문적인 개그와 촌극을 썼던 우디 앨런의 문학적 원형을 멋지게 구현한다. 그리니치 빌리지Greenwich Village E/F5의 한 클럽에서 선보인 그의 데뷔 무대는 뜻밖에도 참담히 실패했다. 하지만 그것을 전화위복의 기회로 삼아 신경질적으로 버벅대는 말투를 자신의 트레이드마크로 만들었고, 덕분에 여성 팬들의 마음을 사로잡았다.

어릴 적부터 극장을 현실 도피처로 삼았던 브루클린 출신의 유대인 '허풍선이'는 미국에 대한, 너무 미국적인 미국인에 대한 우리의 막연한 두려움을 없애 주었다. 앨런의 가족적 배경은 그가 우리에게 보여 주는 맨해튼처럼 너무나도 유럽적이다. 그의 부모는 집에서 유대인 언어인 이디시어를 썼고, 걸핏하면 토닥거렸는데 싸울 때는 두 가지 언어를 마구 섞어 썼다. 집에는 때로 나치 독일을 피해 도망 온 난민들이 손님으로 묵었다. 집에 책은 없었지만 대신 브루클린에는 극장이 많았고 그 극장에는 에어컨이 있었다. 창백한 피부의 빨강머리 소년이 일생 동안 증오한 것이 있었다면 그것은 바로 태양과 여름과 더위였다.

여자보다 더 사랑한 뉴욕

반대로 우디 앨런이 사랑하고 앞으로도 영원히 사랑할 것이 있다면 바로 여자들이다. 비록 여자들이 그를 불행의 나락으로 몰아넣는다 해도 말이다. 그의 모든 영화를 관통하는 영원한 주제 역시 여자다. 그는 속삭인다. "우표 수집을 빼면 아름다운 여자와 함께 있는 것이 제일 좋다"고. 하지만 굳이 우표 수집을 미끼로 삼지 않더라도 그는 손쉽게 여자들을 데이트의 은밀한 에필로그로 끌어들일 수 있다. 그에게는 유머라는 훨씬 교활한 무기가 상비되어 있었으니까.

"난 그를 만나기 전부터 이미 그를 사랑했다. 그는 결국 우디 앨런이었으니까. 우리 가족 전부가 〈조니 카슨 쇼〉에 출연한 그를 보려고 시간 맞춰 TV 앞에 모였다. 두꺼운 안경알에 산뜻한 양복을 입은 그는 정말로 센스가 넘쳤다." 다이안 키턴은 과거를 회상하며 이렇게 말했다.

두 사람은 브로드웨이에서 만났다. 앨런의 연극 〈카블랑카여, 다시 한 번Play It Again, Sam〉(1969)에 출연했던 그녀는 자연스레 그에게 푹 빠졌다. 극 속의 연인이자 작품의 작가이고 연출가였던 그 남자 앨런에게. "실제로 보니 훨씬 더 잘생겼었다. 몸도 좋았고 몸짓도 무척 우아했다. 앨런 역시 곧 내게 빠져들었다. 그로서는 달리 어쩔 도리가 없었다. 그는 노이로제 환자처럼 젊은 여자들을 사랑했으니까." 2011년 키턴은 뉴욕의 반스 앤드 노블Barnes & Noble **4** F5 서점에서 열린 낭독회에서 이렇게 말했다. 그가 던지는 농담의 포인트뿐 아니라 농담을 던지는 방식도 우스웠으며 농담할 때의 코믹한 몸짓, 마구 휘젓는 손짓, 잔기침, 아래로 떨군 자기 비판적 시선마저 재미있었다고 말했다.

우디 앨런도 여성 편력이 만만치 않은 사람이다. 연인 관계였던 다이안 키턴과 미아 패로를 제외하고도 세 번 결혼했다. 첫 번째 아내 할렌 로젠은 결혼 당시 철학과 대학원생이었다. 두 번째 아내 루이스 래서는 앨런이 흠모하던 여배우였고, 현재의 아내 순이 프레빈은 미아 패로가 전 남편과 살 때 입양한 딸이다. 패로가 우디 앨런과 동거를 시작하면서 당시 10살이던 순이를 데려와 함께 키웠다. 1992년 앨런은 미아 패로와 그 유명한 '장미의 전쟁'을 치른 후 헤어졌고 1997년, 순이와 결혼했다.

우디 앨런의 7번째 영화 〈애니 홀Annie Hall〉(1977)은 그의 영화 경력에 중요한 전환점이 된다. 그 영화 덕분에 유럽인들도 이 '도시 노이로제 환자'와 그의 뉴욕을 처음으로 제대로 맛볼 수 있었다. 앨런은 〈애니 홀〉로 두 개 부문에서 아카데미상을 수상했지만 로스앤젤레스로 날아가 직접 상을 받지는 않았다. 진정한 뉴요커는 L.A.를 좋아하지 않는 법이다.

우디 앨런의 가장 우아한 뉴욕 영화는 〈맨해튼〉(1979)이다. 아마도 가

1993년 〈맨해튼 살인 사건〉에 출연한 우디 앨런과 다이안 키턴. 삶과 섹스에 대해 토론하고 있다.

장 위대하고 가장 변치 않을 사랑, 뉴욕을 향한 그의 낭만적 애정 고백이니까. 〈맨해튼〉은 조지 거슈윈의 〈랩소디 인 블루〉로 막을 연다. 멋진 서곡이 흐르는 가운데 카메라는 와이드스크린 형식으로 연출한 흑백의 뉴욕을 지나간다. 스태튼아일랜드 페리에서 시작해 브로드웨이, 5번 애버뉴5th Avenue E4-K4, 워싱턴 스퀘어 파크, 구겐하임 미술관, 메트로폴리탄 미술관, 링컨 센터Lincoln Center H5, 라디오 시티 뮤직홀Radio City Music Hall 25 J4을 거쳐 눈 덮인 센트럴 파크Central Park K3/4까지. 저 멀리 카메라 밖에서 우디 앨런의 제2의 자아 아이작의 목소리가 들려온다. "1장, 그는 뉴욕을 숭배했다. 아니 터무니없을 정도로 그곳을 우상화했다." 자신이 얼마나 뉴욕을 사랑하는지 고백하는 아이작의 내레이션으로 시작하는 인상적인 도입부에서 이 영화의 또 다른 주인공은 뉴욕이라는 도시임을 알 수 있다.

우디 앨런의 눈에 포착된 뉴욕

"내가 찍은 맨해튼은 매우 선별적이었다. 내가 보고 싶은 풍경, 누구든 꼭 가봐야 할 곳을 찾다가 만나게 될 도시의 풍경을 보여 주었으니까." 훗날 우디 앨런은 이렇게 말했다.

그리고 꼭 가봐야 할 곳을 찾다 보면 누구든 결국에는 리버뷰 테라스에 도착할 수밖에 없다. 영화의 마지막 장면에서 중년의 위기에 시달리는 아이작과 메리가 테라스에서 떠오르는 아침 해를 맞이하며 퀸스보로 브리지Queensboro Bridge K6/7를 바라본다. 퀸스보로 브리지는 여전히 영화에서처럼 멋진 모습으로 브루클린을 향해 이스트 리버를 가로지르며 흔들리고 있다. 우디 앨런은 유년기를 보낸 브루클린에 자신의 소설집《사이드 이펙트》의 인상적인 두 단락을 선사했다.

"브루클린, 나무가 울창한 거리들, 사방에 널린 다리와 교회와 묘지, 그리고 구멍가게들. 어린 사내아이가 길을 건너는 수염 난 할아버지를 도와드리며 안식일을 재미있게 보내라고 인사한다. 노인은 미소를 지으며 아이의 머리 위로 파이프의 재를 턴다. 아이가 울면서 집으로 달려가……

'베니! 베니!' 엄마가 아들을 부른다. 베니는 16살밖에 안 됐지만 벌써 상당한 전과가 있다. 26살이 되면 전기 의자에 앉을 것이다. 36살이 되면 교수형을 당할 것이다. 그리고 나서 50살이 되면 세탁소 주인이 될 것이다. 하지만 지금은 일단 아침을 먹는다. 집안이 너무 가난해 냅킨을 살 수가 없기 때문에 잼을 흘릴까봐 신문지를 깐다."

분명 우디 앨런은 우리에게 뉴욕의 문을 열어 주었고 중년의 위기가 무엇인지, 어떻게 하면 그 위기를 가장 멋지게 넘길 수 있는지 가르쳐 주었다. 정신분석이 없으면 좋은 작가나 영화감독이 될 수 없다는 가르침도 주었다. 그리고 정신분석을 만나지 못했다면 그는 아마 훌륭한 클라리넷 연주자도 될 수 없었을 것이다. 그러나 정작 그는 자신의 연주 실력이 대단하다는 사실을 잘 모른다. 오랜 세월 마이클스 팝에서 그의 뉴올리언스 재즈밴드와 함께 매주 클라리넷을 불었으면서도 말이다. 요즘에도 장소만 칼라일 호텔로 옮겨 월요일마다 연주회를 연다.

아마 뉴욕을 사랑하는 모든 팬들의 마음 깊은 곳에는 우디 앨런이 숨어 있을 것이다. 너무나 똑똑하지만 좌충우돌인 남자, 혹은 그 남자에 취약한 작은 미녀 다이안 키턴이.

라디오 시티 뮤직 홀 **25** J4

1260 6th Avenue, New York
www.radiocity.com
▶지하철 : 47-50번 스트리트 록펠러 센터47-50th Street-Rockefeller Center

반스 앤드 노블 **4** F5

33 East 17th Street, New York
www.barnsandnoble.com
▶지하철 : 14번 스트리트-유니언 스퀘어14th Street-Union Square

센트럴 파크의 호수

▶지하철 : 72번 스트리트72nd Street, 센트럴 파크Central Park

칼라일 호텔

35 East 76th Street, New York
▶지하철 : 77번 스트리트77th Street

존 레넌 1940~1980
뉴욕을 사랑한 비틀스의 멤버

"지금이 고대 시대라면 나는 로마에서 살고 싶다.
현재의 로마 제국은 미국이요, 로마는 뉴욕이다."
자신의 생명을 앗아간 도시 뉴욕, 존 레넌은 그 뉴욕을 사랑했다.

해마다 연말이 되면 뉴욕은 휘황찬란한 장식들로 축제 분위기를 한껏 고조시킨다. 1969년 12월의 뉴욕은 특히나 더 기대로 들끓었다. 타임스 스퀘어 광고판엔 멋진 크리스마스 인사가 나붙었다. "전쟁은 끝난다! 당신이 원한다면. 해피 크리스마스, 존과 요코." 그러나 노래로 발표된 그들의 〈해피 크리스마스〉 인사가 현실이 되기까지는 몇 년이 더 필요했다.

베트남에 평화가 찾아오고 5년, 그 평화를 위해 존 레넌과 오노 요코는 지치지 않고 노래 부르고 시위를 했다. 이제 두 사람은 센트럴 파크를 걸으며 청명하고 화창한 겨울을 즐겼다. 잎을 다 떨구어 황량한 나무들 사이로 뉴욕 시민들이 개를 데리고 산책했다. 1980년 12월 8일, 공원 서편의 다코타 하우스에서 사진 촬영이 있었다. 사진작가 애니 레보비츠Annie Leibovitz가 유명한 이웃 존과 요코의 사진을 찍어 〈롤링 스톤〉에 실을 예정이었다. 두 사람은 그 직전에 공동 앨범 〈더블 판타지Double Fantasy〉를 발표했다. 다코타 하우스는 레너드 번스타인도 살았고, 1968년엔 폴란스키

첫번째 아내와의 사이에서 낳은 아들 줄리안과 함께 한 존 레넌. 1971년 그는 두 번째 아내 오노 요코와 함께 뉴욕으로 이사했다.

가 공포 영화 〈로즈마리의 아기Rosemary's Baby〉를 촬영한 곳이기도 하다. 요즘은 맞은편 공원에서 인력거꾼들이 호객 행위를 하고 노점상들이 존 레넌 기념품과 평화 배지를 팔고 있다.

존과 요코는 다코타 빌딩의 8층에서 살았다. 검은 방범창과 제복을 입

도어맨이 지키고 있는 다코타 빌딩 입구.
이곳에서 1980년 존 레넌이 암살당했다.

은 도어맨이 있는 다코타 빌딩을 그
들은 농담으로 자신들의 '성'이라 불
렀다. 존은 집의 튼튼한 돌출 창과 높
은 합각머리를 좋아했다. 고향 리버
풀의 빅토리아풍 건물을 닮았기 때문
이다. 집에서 명상을 하면 다코타 하
우스는 그들의 '수도원'이 되었고 때
로 둘 사이가 묘해지면 '감옥'이 되기
도 했다. 화창했던 12월의 그날, 공원이 내려다보이는 넓은 집은 수도원
도 감옥도 아닌 사진 스튜디오가 되었다. 존과 요코는 레보비츠를 잘 아
는 사이였으므로 분위기는 편안했다. 존은 자연스럽게 옷을 벗고 태아처
럼 몸을 웅크린 채 아내 옆에 바짝 붙었다. 애니 레보비츠는 셔터를 눌렀
고 훗날 그날을 회상하며 이렇게 말했다. "1980년대는 낭만적인 시대가
아니었죠. 그래서 그 키스가 너무나 아름답다고 생각했습니다." 분위기는
크리스마스 시즌답게 들떴지만 이 자유분방한 포즈가 또 다시 큰 반향을
일으킬 것임을 세 사람은 알고 있었다.

존과 요코가 옷을 벗고 사진을 찍은 것이 처음은 아니었다. 둘은 첫 공
동 앨범 커버 사진으로 옷을 모두 벗고 손을 잡고 카메라 앞에서 포즈를
취했다. 어떤 미국 기자는 그 사진을 보고 비아냥댔다. 음반 제작 회사도
앨범 제작을 거부했고 영국인 사장은 그 사진을 '불쾌하다'고 표현했다.
그들이 다른 제작사를 통해 논란의 앨범을 발표하자 뉴저지 당국은 앨범

3만 장을 압수했다.

　두 사람은 침대 시위로도 유명하다. 암스테르담, 몬트리올, 빈에서 호텔 방으로 기자와 사진작가들을 불러 침대 위에서 잠옷 차림으로 "전쟁하지 말고 사랑하라Make love not war"라는 메시지를 전했다.

7살 연상의 요코

세계적으로 유명한 비틀스 멤버와 아방가르드 예술가가 영국에서 만나 첫눈에 사랑에 빠졌다. 당시 20대 중반이었던 존 레넌은 인기 가수에 작사 · 작곡가였을 뿐 아니라 그림도 그리고 단편 소설도 썼다. 존보다 7살 연상이었고 뉴욕과 조국 일본을 오가며 작품 활동을 하던 오노 요코는 흔히들 오해하는 것처럼 그루피인기 가수를 따라다니는 소녀 팬가 아니었다. 잘 정돈된 '비틀스'의 세계로 난입해 존의 결혼을 파탄으로 몰고 갔을 뿐 아니라 세계적인 그룹의 해체에도 일조했던 자그마한 일본 여성은 당시 이미 행위예술가로 이름을 날리고 있었다.

　1971년 존과 요코는 뉴욕으로 거처를 옮겼다. 그리고 뱅크 스트리트의 이웃사촌 존 케이지와 함께 플럭서스 운동전위 예술 운동을 펼쳤다. "나는 한 번도 존을 연하라고 느껴본 적이 없습니다. 태생이 어른스러운 사람들이 많지요. 왕자가 아니라 왕으로 태어나는 사람, 존도 그런 사람이지요." 오노 요코는 남편을 이렇게 표현했다. 거꾸로 존은 아내를 다음과 같이 평가했다. "내게 뉴욕을 가르쳐 준 사람이 요코였습니다. 내가 가난뱅이였을 때부터 이곳에서 살아서 구석구석 모르는 데가 없지요. 함께 거리와 공원을 돌아다니며 온갖 것들을 자세히 들여다보았습니다. 이렇게 말할 수 있을 겁니다. 나는 뉴욕의 어느 길모퉁이에서 사랑에 빠졌노라고."

　그들은 자전거를 사서 센트럴 파크를 휘젓고 다녔다. 당시만 해도 지금처럼 자전거를 타고 다니는 사람이 많지 않던 시절이었다. 요코는 존에게 차이나타운의 이국적인 향신료와 야채 가게를 소개했고, 리틀 이탈리아의 아이스카페, 존의 고향과 비슷한 느낌이 드는 다운타운의 산업 지대를 보여 주었다.

미친 관계

1971년, 존 레넌과 오노 요코에게 시련이 닥쳤다. 민주당 대통령 후보 조지 맥거번이 공화당의 현직 대통령 리처드 닉슨에게 패배하면서 FBI가 민주당 지지자 존을 노리기 시작했다. 미국 정부는 체류 비자 연장 신청을 기각하며 그를 압박했다. 존은 절망에 빠졌고 그리니치 빌리지^{Greenwich} ^{Village E/F5}에서 열린 개표 파티장에서 미친 듯 술을 마셨다. 그리고 요코가 보는 앞에서 다른 여자를 옆방으로 데리고 들어갔다.

"모두가 가만히 앉아 그 방에서 일어나는 일을 무시하려고 애썼습니다. 벽은 얇았고 누군가 소리를 듣지 않으려고 밥 딜런의 레코드를 틀었죠. 가버릴 수가 없었습니다. 우리의 외투가 그 방에 있었거든요. 그러자 어떤 유명한 뉴욕 여성이 내게 말을 걸었습니다. '네 기분이 어떨지 모르겠지만 우리는 모두 그를 사랑해. 그는 정말 멋진 남자야.' 그녀는 내내 그 말을 반복하면서 내가 존을 가진 것에 기뻐해야 한다는 표정으로 나를 바라보았어요." 훗날 요코는 한 인터뷰에서 이렇게 말했다.

관계는 틀어졌다. 1년 후 요코는 남편에게 한동안 떨어져 살자고 제안한다. "나는 상처 받았습니다. 힘든 시절이었죠. 미국인들은 우리를 떼어 놓으려 했고 유럽으로 건너갈 거의 모든 다리를 부숴 버렸어요. 존은 마약 때문에 체포된 후 여왕에게 훈장을 반납했습니다. 나는 나쁜 마녀로 낙인찍혔고 예술가로서 일어설 발판을 잃어버렸습니다."

거리 퍼포먼스 〈예술은 끝났다〉에 참가한 오노 요코와 존 레넌의 그래픽.

두 사람은 14개월 동안 별거했다. 존은 이 시절을 '잃어버린 주말'이라고 부르며 로스앤젤레스에서 지냈다. 요코는 이렇게 말했다. "4일 후 그가 돌아오겠다고 했지만 제가 비웃었어요. 너무 빨랐죠. 혼자 있으니 다시 상태가 좋아졌거든요."

존 레넌이 엘튼 존과 함께 무대에 섰던 매디슨 스퀘어 가든Madison Square Garden **18** G3 콘서트에서 두 사람은 다시 만났다. 1975년 아들 션 타로 오노가 태어나자 관계는 조금 더 안정되었다. 이제 존은 거의 사람들 앞에 나서지 않았다. 요코는 음악을 제작하고 아들을 보살폈다.

1979년 12월 24일, 레넌 부부는 다코타 하우스에서 마지막 크리스마스를 보냈다. 훗날 요코는 이렇게 말했다. "우리는 정말 행복했습니다. 곱게 차려 입고 아주 예의 바르게 행동했죠. 존은 자수를 놓은 옷을 입었고 나는 검은색 긴 드레스를 입었습니다."

다코타 빌딩의 마지막 순간인 1980년 12월 8일, 애니 레보비츠의 사진 촬영이 끝났다. 존은 옷을 입고 라디오 기자와 인터뷰를 했다. "이번 앨범은 가사를 쓸 때 그 가사를 들을 사람들을 상상했습니다. 함께 여러 가지 일들을 겪었을 가정을 가진 사람들, 내 나이 또래의 사람들, 그들을 위해 노래합니다. 그들에게 말합니다. 너희들은 잘 지내니? 관계는 어때? 그 모든 일들을 다 무사히 넘겼니? 70년대가 고통은 아니었니? 이제 80년대를 시작해 보자꾸나. 운명을 손안에 넣을 수 있을 거야."

그 후 두 사람은 54번 스트리트에 있는 두 사람의 음악 스튜디오 히트 팩토리Hit Factory J3로 갔다. 오노 요코의 새 앨범 〈살얼음판 걷기Walking on Thin Ice〉(1981)의 작업을 위해서였다. 차로 가는 길에 존은 얼마 전에 나온 앨범 〈더블 판타지〉의 앨범 커버에 사인했다.

살인자는 광적인 팬이었다

존에게 사인을 부탁한 남자는 머리를 빗지 않고 테 없는 안경을 썼으며 검은 비옷을 입고 목도리를 둘렀다. 1955년 텍사스 포트워스에서 태어난 마크 데이비드 채프먼이었다. 채프먼은 존의 광적인 팬이었다. 그래서 우상을 따라 일본 여자와 결혼했다. 그러나 존이 한 인터뷰에서 비틀스가 예수보다 더 인기가 많다고 하자 그를 증오하기 시작했다.

1980년 12월 8일 오후, 존과 요코는 스튜디오에서 음반 믹싱 작업을 했다. 요코는 배가 고파 밥을 먹겠다고 했고 존은 집으로 가겠다고 했다. 11시 직전 두 사람은 다시 다코타 하우스 앞에서 만나기로 했다. 몇 시간 전에 존에게 사인을 받았던 채프먼이 여전히 현관 앞에 서 있었다. 그가 존에게 말을 걸었다. "존 레넌 씨?" 그리고는 38구경 리볼버를 5발 쏘았다.

두 발은 폐에 맞았고 1발은 목 동맥, 또 1발은 왼쪽 견갑골에 맞았다. 존 레넌은 피투성이가 되어 로비로 기어가며 "총에 맞았어요, 총에 맞았어"라고 더듬거렸다. 그리고 쓰러졌다. 엘리베이터맨과 우연히 그곳을 지나던 택시 기사가 달려왔다. 구급차가 피를 철철 흘리는 그를 루스벨트 제너럴 호스피털로 이송했다. 하지만 23시 7분, 존 레넌은 숨을 거두고 만다. 살인자는 여전히 다코타 하우스 앞의 벤치에 앉아 제롬 데이비드 샐

린저의 소설《호밀밭의 파수꾼 *The Catcher in the rye*》(1951)을 읽고 있었다. 그는 저항하지 않고 순순히 체포되었다. 1981년 마크 데이비드 채프먼은 20년 형을 선고받았고 현재 예방 구금 상태. 신변에 위협을 느낀 미망인 오노 요코가 사법 당국에 절대 그를 풀어 주지 말라고 호소한 것이다.

해마다 12월 8일이면 콘서트를 열어 남편을 추모하는 오노 요코는 지금도 다코타 빌딩에 살고 있다. 남편을 위해 조성한 센트럴 파크 내의 작은 추모 공간 스트로베리 필즈 Strawberry Fields 가 집에서도 잘 보인다. 회색 모자이크 바닥에는 단 한 마디가 적혀 있다. 'Imagine', 1971년에 발표한 존 레넌의 노래 제목이다. 그가 세상을 떠난 후 가장 사랑받는 노래다.

다코타 빌딩
1 West 72nd Street , New York
▶지하철 : 72번 스트리트72nd Street

스트로베리 필즈
센트럴 파크
www.strawberryfieldsnyc.com
▶지하철 : 72번 스트리트72nd Street

바브라 스트라이샌드 1942~
미국의 독보적인 여성 팝 디바

브루클린 출신의 바브라 스트라이샌드는 월드 스타다.

뛰어난 연기력과 유대인다운 유머, 유리같이 맑고 풍부한 음색,

그녀는 1960년대부터 팬들의 마음을 사로잡았다.

엄마들도 틀릴 때가 있다. 심지어 자식 문제에서도. 아니 어쩌면 자식 문제라서 틀릴지 모른다. "애야, 정말 그런 코로 무대에 서고 싶니? 그런 생각은 그만하고 좀 착실하게 할 수 있는 걸 배워 보렴." 1950년대 당시 브루클린에서 엄마와 딸의 대화는 아마도 그런 내용이었을 것이다. 어린 시절 바브라 스트라이샌드가 학교 비서였던 엄마 다이애나 이다 로젠의 말을 잘 들었다면 지금의 그녀는 없었을 것이다. 특이한 생김새의 코를 오히려 트레이드마크로 삼아 미국 최고의 스타가 되지 못했을 것이다. 지금까지 판매된 바브라 스트라이샌드의 앨범은 1억 4천만 장 이상으로, 비틀스를 능가한다.

　미국 연예 역사상 가장 많은 분야에서 성공을 거둔 인물을 꼽자면 바브라 스트라이샌드를 첫손에 꼽을 수 있을 것이다. 가수, 뮤지컬 배우, 영화배우 할 것 없이 다방면에서 뛰어난 재능을 보여 사상 최초로 그래미상^{음악}, 토니상^{연극}, 아카데미상^{영화}, 에미상^{TV} 등 각 분야의 거의 모든 상을 휩쓸었

인기 가수, 배우, 엔터테이너. 영화 개봉 날 무대 인사를 하러 온 바브라 스트라이샌드.

으며 제작자, 연출가로서도 성공을 거두었다.

　카리스마 넘치는 미운 오리 새끼는 1942년 4월 24일 브루클린의 윌리엄스버그에서 태어났다. 부모는 모두 오스트리아 유대인이었고, 미국으로 건너온 후 '슈트로이잔트'라는 발음하기 힘든 성을 '스트라이샌드'로

바브라 스트라이샌드는 브루클린에서 어린 시절을 보냈다. 맨해튼의 스카이라인이 보이는 브루클린 브리지.

바꾸었다. 초등학교 교사였던 아버지는 바브라가 15개월일 때 세상을 떠 났다. 어머니는 재혼했고 여동생 로슬린 카인드가 태어났다. 여동생 역시 훗날 엄마의 충고를 무시하고 가수가 되었다. 가정 형편이 그리 넉넉한 편은 아니었다. 윌리엄스버그는 1990년대가 되면서 유행의 거리로 변신 했지만 당시만 해도 노동자들이 많이 살던 공장 지대였다. "티백은 최소 한 두 번은 우려냈죠. 그게 너무 당연하다고 생각했습니다." 2005년 백만 장자가 된 그녀가 어느 토크쇼에서 한 말이다.

　14살이 되던 해 바브라가 하계 휴양지 극장에서 공연을 하게 됐다. 그 런데 어금니 두 개가 빠져 휑했다. 그녀는 빈틈이 안 보이게 하려고 껌으 로 그 자리를 메웠다. 훗날 업계에서 악명 높았던 완벽주의 성향이 그때 부터 조짐을 보였던 것일까? 아니면 그저 불안한 10대 소녀의 허영심이었을까? 어쨌건 평소 그렇게 자연스럽던 동작들이 이상하게 뻣뻣했다. "껌이 빠질까봐 겁이 나서 웃지도 못했어요." 훗날 미국 기자 제프리 라이언스에게 당시의 심정을 이렇게 털어놓았다.

바브라는 브루클린의 에라스뮈스 고등학교에서 최우수 학생이었다. 연기와 노래 공부를 위해 그녀는 극장 좌석 안내원, 가정부, 전화 교환수로 일했다. 학교 합창단에서 닐 다이아몬드를 알게 됐는데 그와는 지금까지도 친구로 지내면서 〈당신은 내게 꽃을 가져오지 않았지You Don't Bring Me Flowers〉를 함께 불러 히트시켰다. 〈우먼 인 러브Woman in Love〉와 〈길티Guilty〉 같은 다른 인기 듀엣 곡은 비지스^{Bee Gees}의 멤버 배리 깁과 함께 했다. "배리, 난 죄책감을 느껴. 닐 다이아몬드를 속인 것 같아서." 두 사람이 함께 무대에 오른 그래미상 수상식에서 바브라는 변치 않는 유머로 관객을 즐겁게 했다.

브로드웨이가 진정한 고향

공식적인 첫 무대는 19살 때 〈해리 스툰스와 함께 하는 또 한번의 밤Another Evening with Harry Stoones〉(1961)이었다. 그 후 주급 200달러를 받고 '블루 엔젤'에서 가수로 일했다. 무대가 있고 붉은 카펫이 깔린 55번 스트리트의 전형적인 나이트클럽이었다. 브로드웨이^{Broadway} **6** F4에서의 첫 성공작은 〈퍼니 걸Funny Girl〉(1964)이다. 무명의 뮤지컬 여배우가 브로드웨이에서 성공하는 과정과 그녀의 사랑과 이별을 그린 뮤지컬로 바브라는 주인공 패니 브라이스 역을 맡아 비범한 재능을 선보여 극찬을 받았다. 할리우드는 같은 제목의 영화에 주인공으로 발탁했는데 그 작품으로 아카데미 여우주연상을 받았다.

1965년 23살의 바브라는 미국에서 이미 스타였다. TV 출연도 잦았고 팬

레터도 쏟아졌다. '뉴욕시, 바브라'라고 편지 봉투에 적거나 바브라의 사진만 붙여도 편지가 무사히 바브라에게 도착할 정도였다. 탄탄한 성공가도가 눈앞에 펼쳐졌다. 브로드웨이 뮤지컬 〈헬로 돌리Hello Dolly〉를 원작으로 한 동명의 영화에서 그녀는 부자 고객 호레이스 반더겔더를 자기 남편으로 낚아챈 유대인 과부 결혼 중계인 돌리 레비 역할을 멋지게 소화했다. 예나 지금이나 화려하고 우아하며 시끄럽고 다채로운 브로드웨이는 바브라에게 무한한 성공의 발판이 되어 주었다.

다방면으로 재능을 보인 멀티 플레이어

1970년대 바브라 스트라이샌드는 통속 코미디 〈올빼미와 새끼 고양이 The Owl and the Pussycat〉(1970), 라이언 오닐과 공동 주연을 맡은 슬랩스틱코미디 영화 〈왓츠 업, 덕What's Up, Doc?〉(1972)으로 큰 성공을 거두었다. 로버트 레드포드와는 로맨스 영화 〈추억The Way We Were〉(1973)을 찍었다. 문학에 대한 열정이 같아 사랑에 빠졌던 남녀가 정치적 견해와 인생관의 차이로 인해 헤어진 몇 년 후 뉴욕의 플라자 호텔Plaza Hotel 24 K4 앞에서 우연히 만나 과거를 회상하는 영화였다. 스트라이샌드가 부른 히트곡이 깔리는 마지막 장면은 소름이 돋을 정도다.

　바브라의 영화는 상당수가 고향 뉴욕을 배경으로 한다. 조지 시걸과 함께 한 〈올빼미와 새끼 고양이〉의 마지막 장면은 센트럴 파크의 가을 낙엽이 장관이다. 공원 저 너머로는 맨해튼의 창백한 스카이라인도 보인다. 지금까지도 매력을 잃지 않은 전형적인 뉴욕 풍경이다. 로버트 레드포드와는 작은 호수에서 낭만적인 보트 소풍을 감행한다. 제프 브리지스와 공동 주연을 맡았던 〈로즈 앤 그레고리The Mirrow has two faces〉(1996)에서는 앨리스 동상이 있는 놀이터가 배경이 된다. 바브라 스트라이샌드 자신

브로드웨이. 바브라 스트라이샌드는 19살에 이곳에서 세계적인 스타의 길로 들어섰다.

도 제임스 브롤린과 재혼한 후에는 초록의 아름다운 공원이 내려다보이는 센트럴 파크 서쪽의 펜트하우스에서 살고 있다.

1980년대 초, 바브라는 제작사를 차려 직접 영화를 찍었다. 주연은 물론이고 감독에 제작자, 공동 시나리오 작가까지 모두 직접 맡았다. 첫 번째 연출작 〈옌틀Yentl〉(1983)은 몰락한 동유럽 유대인촌 출신인 아이작 싱어의 단편 소설을 원작으로 삼았다. 바브라 스트라이샌드는 남자에게만 교육이 허락되는 상황을 받아들이지 않는 랍비의 딸 옌틀 역할을 맡았다. 옌틀은 종교 수업을 받기 위해 남장을 하지만 결국 들통이 나고, 영화는 그녀가 자유를 찾아 미국으로 떠나는 것으로 끝이 난다. 이 작품으로 여성 감독으로는 사상 최초로 골든글로브 최우수 감독상을 수상하는 성공을 거두게 된다.

그녀는 완벽주의자

바브라는 그야말로 브레이크 없는 자동차처럼 질주한다. 마틴 리트 감독의 〈최후의 판결Nuts〉(1987)은 직접 제작과 주연을 맡았던 영화로, 정신병자 취급을 거부하는 투쟁적인 여성의 이야기다. 〈사랑과 추억The Prince of Tides〉(1991)과 음악 영화 〈스타 탄생A Star Is Born〉(1976)이 그 뒤를 이었다. 업계에서는 바브라가 너무 완벽주의자라는 말이 나돌았다. 가끔은 스타병 같은 행동 때문에 동료들 사이에서 평판도 좋지 않았다. 두 번 다시 같이 출연하고 싶지 않은 배우가 있냐는 기자의 질문에 성품이 온화하기로 유명한 로버트 레드포드마저 주저하지 않고 바브라의 이름을 거론했을 정도였다.

그러니 그녀의 육감적인 약간의 사팔눈에 속아서는 안 된다. 입만 열면 독설이 튀어나오기 때문이다. 1968년 11월 뉴욕에서도 다음과 같은 말로 수상 소감의 문을 열었다. "브루클린의 앨버말 극장 주인 분 여기 오셨나요?" 관중석에서 한 남자가 손을 들었다. "팝콘에 버터를 더 넣으셔야겠어요." 극장 주인은 많은 사람들 앞에서 그렇게 야단을 맞았다.

그렇다. 그녀는 남의 말을 한 마디도 놓치지 않고 자기가 하고 싶은 말은 다 쏟아부어야 속이 시원한 사람이다. 센트럴 파크에서 무료 콘서트를 마치고 수십만 관중이 환호성을 지르자 이렇게 지적했다. "브라보가 아니라 브라바예요." 선생님과 학교 비서의 딸 아니랄까봐 그녀에게도 어딘가 가르치고 훈계하는 습성이 있었다. 2007년에는 홀로코스트 때문에 지금껏 기피하던 독일에서 공연을 했다. 당시 이미 65살이었지만 58명의 빅밴드와 함께 전 좌석이 모두 매진된 베를린 발트뷔네에서 발라드와 스윙, 뮤지컬 송과 브로드웨이 송으로 관중들을 열광의 도가니로 몰아넣었다.

더스틴 호프먼과 함께 찍은 〈미트 페어런츠2Meet The Fockers〉(2004)

에서는 특이한 섹스 치료사로 등장한다. 그녀는 사돈^{로버트 드니로}이 있는 자리에서 자유분방한 행동으로 아들^{벤 스틸러}을 곤란한 지경에 빠트린다. 그녀가 로버트 드니로 위에 올라가 그의 만성 요통과 경련을 낮게 해주려 난리를 피우는 장면은 폭소를 자아낸다. 이것이 '최고 기량'의 바브라였고, 아마 그 정도면 배우 노릇을 극구 반대했던 어머니마저 너끈히 설득시킬 수 있었을 것이다.

브로드웨이 **6** F4
www.broadway.com

센트럴 파크
앨리스 동상과 호수
▶지하철 : 72번 스트리트72nd Street

플라자 호텔 **24** K4
768 5th Avenue , New York
www.theplaza.com
▶지하철 : 5번 애버뉴/59번 스트리트5th Avenue/59th Street

로버트 드 니로 1943~

리틀 이탈리아에서 자라 세계 최고의 배우가 된 남자

아카데미상을 두 번이나 수상한 로버트 드 니로는

뉴욕에서 가장 유명한 배우다. 그에게 뉴욕은 그야말로 고향이다.

'바비 밀크'의 모든 것은 리틀 이탈리아에서 시작되었으니……

"파리에 가고, 런던에 가고, 로마에 가고, 그 어디를 가도 뉴욕만 한 곳은 없다. 이유는 간단하다. 뉴욕은 세계에서 가장 스릴 넘치는 도시다." 그러니 그 무엇도 로버트 드 니로를 고향에서 쫓아낼 수 없다. 그가 즐겨 찾는 유럽도, 연출된 우아함으로 유혹하는 할리우드도 뉴욕에 깊이 뿌리 내린 그의 마음을 앗아가지는 못한다. 그러니 잘 깎인 잔디와 속물적인 이웃, 성경 공부가 삶의 전부인 미국의 주류 중서부는 당연히 그의 관심 밖이다. 세계적인 도시 뉴욕의 그리니치 빌리지에서 좌파 자유주의 화가의 아들로 태어나 널찍한 공장형 작업실을 기어 다니며 자란 그에게 그런 따분한 삶은 상상조차 할 수 없는 세계일 것이다.

친구들은 그를 '바비 밀크Bobby Milk'라고 불렀다. 흰 피부 때문이었다. 아버지가 반쪽 아일랜드 사람이라 '바비 아이리시'라고도 불렀다. 그에게 이탈리아인의 피도 흐르고 있다는 사실은 이름만 봐도 알 수 있다. 하지만 그건 별로 중요하지 않다. 그 구역의 거의 모든 아이들에게는 시칠리

리틀 이탈리아의 꼬마는 세계적인 스타가 되었다. 칸 영화제에 참석한 로버트 드 니로.

아 출신의 부모나 조부모가 있었다. 로버트 드 니로의 할아버지 역시 남부 이탈리아에서 미국으로 이민을 왔기에 손자는 일찍부터 이탈리아어의 멜로디를 들으며 자랐다. 덕분에 그는 훗날 마피아가 아닐까 착각할정도로 완벽한 이탈리아식 영어를 구사했다. 그 말에 어울리는, 거의 알

워싱턴 스퀘어 파크. 로버트와 아버지는 이곳에서 많은 시간을 함께 보냈다.

아채지 못할 정도로 살짝 치켜뜬 눈썹만으로 앞으로의 일을 암시하는 표정 연기 역시 언제라도 가능했다.

로버트 드 니로가 그리니치 빌리지 Greenwich Village E/F5에서 살 당시 그 남쪽 구역에는 이미 이탈리아인들이 많이 모여 살고 있었다. 그래서 그 지역을 리틀 이탈리아라고 불렀다. 어릴 때부터 거리에서 놀았던 그는 사춘기가 되자 리틀 이탈리아의 또래 사내아이들과 어울려 여기저기 몰려다녔다. 실크 셔츠, 몸에 딱 달라붙는 가죽 재킷, 건들거리는 걸음걸이가 그의 마음을 사로잡았다. 혼자 있는 시간이 많았던 외동아들은 일찍부터 주변을 탐색하고 모방했고 배운 모든 것들을 실험해 보았다. 부모님의 넓은 아틀리에를 기어 다녔고 캔버스 뒤에 숨어 물감 통과 팔레트, 붓을 갖고 놀았다. 아무도 그의 탐구욕을 말리지 않았다. 청소년 시절에도 어머니는 공부하라는 잔소리를 해본 적이 없었다. '아이들은 가만히 두면 알아서 잘 큰다!' 홀로 아들을 키우면서 생활비를 벌기 위해 그림을 그리는 틈틈이 탐정 소설도 썼던 화가 어머니는 평생 그렇게 확신했다.

뉴욕 최고의 성격 배우는 철저히 자유분방한 환경에서 성장했다. 부모는 둘 다 화가였고 강하고 고집 세고 독립적인 성격이었다. 그 두 사람이 결혼해 아이를 낳았다는 것 자체가 기적이었다. 아버지는 여자보다 남자를 더 좋아했고 어머니는 마르크스주의자로 가정을 꾸리겠다는 계획 자체가 머릿속에 없던 여성이었다. 하지만 어머니는 1940년대 초 프린스턴에서 열린 한 그림 워크숍에서 매력적인 이탈리아 혼혈 남성을 만나 그만 사랑에 빠지고 만 것이다.

프랑스, 독일, 네덜란드의 피가 섞인 그녀는 그리니치 빌리지에서 웨이트리스로 일했고 월 30달러의 임대료를 내고 14번 스트리트의 공장형 작업실을 친구들과 나누어 썼다. 더러운 벽은 대형 그림들로 가렸다. 옷은 못에다 걸었고 주말이면 난방이 꺼졌다. 작업실을 함께 썼던 친구 중에는 훗날 헨리 밀러Henry Miller의 뮤즈가 된 아나이스 닌Anais Nin도 끼어 있었다. 그의 어머니 역시 평범한 여성은 아니었던 모양이다. 동성애자인 줄 뻔히 알면서도 6살이나 적은 아버지와 결혼했으니 말이다.

부모는 자유로운 영혼의 예술가

1943년 8월 17일 아들이 태어났다. 그러나 불과 3년 후 두 사람의 결혼 생활은 끝이 나고 만다. 관계를 회복해 보려고 많은 노력을 했지만 허사였다. 로버트는 어머니와 함께 그리니치 빌리지에서 살았고 자주 아버지를 찾아갔다. 아들은 아버지를 매우 사랑했다. "당시 아버지는 노호인지 소호인지 하는 곳에서 어두침침한 공장형 작업실을 얻어 살았습니다. 당시만 해도 그 구역에 아무도 살지 않던 시절이었지요." 훗날 그는 연출 데뷔작 〈브롱크스 이야기A Bronx Tale〉(1993)를 개봉한 후 TV에 출연해 당시를 이렇게 회상했다.

로버트 드 니로의 아버지는 울증과 조증을 오가며 자신과 주변 사람들에게 까다로웠던 내성적인 남자였다. 힘이 넘치는 그의 강렬한 그림들은 페기 구겐하임 미술관의 동시대 미술전에 전시되기도 했다. 아들은 아버지가 돌아가신 후 그리니치 호텔^{Greenwich Hotel} **45** C4의 로비와 트라이베카의 자기 레스토랑에 아버지의 그림들을 걸었다.

아버지와 아들은 '레디메이드' 아트의 대명사 마르셀 뒤샹^{Marcel Ducham}이 한때 '그리니치 빌리지 자유 공화국'을 외쳤던 워싱턴 스퀘어 파크에서 많은 시간을 보냈다. 혁명의 숨소리가 깃든 프랑스 개선문을 본떠 만든 '워싱턴 스퀘어 아치'가 있는 바로 그곳이다. 부자는 야구공을 주고받거나 롤러스케이트를 타고 분수 주위를 돌았다. 밤이 되면 2번 애버뉴나 3번 애버뉴에 있는 극장에서 함께 실험 영화를 보았다. 아버지와 헤어져 집에 오면 아들은 엄마 앞에서 마음에 들었던 장면을 열심히 연기로 재현했다.

'바비'는 일요일마다 이탈리아 친구들과 멀베리 스트리트에 있는 오래된 세인트 패트릭 대성당^{St. Patrick's Cathedral} J4에 미사를 드리러 갔다. 이곳에서 훗날 영화감독이 되어 함께 많은 영화를 찍게 될 한 사내아이가 복사^{服事}로 활동하고 있었다는 사실을 그는 까맣게 몰랐다. 마틴 스콜세지^{Martin Scorsese}와 로버트 드 니로는 불과 몇 블록 떨어진 거리에 살았지만 두 사람이 만난 때는 어른이 된 1972년의 한 크리스마스 파티에서다.

마틴 스콜세지와 로버트 드 니로는 1973년부터 감독과 배우로 8편의 영화를 함께 만들었다. 〈비열한 거리Mean Streets〉(1973), 〈택시 드라이버 Taxi Driver〉(1976), 〈성난 황소Raging Bull〉(1980), 〈좋은 친구들Goodfellas〉(1990), 〈카지노Casino〉(1995) 같은 전설적인 영화들이다. 1981년 로버트 드 니로는 〈성난 황소Raging Bull〉(1980)로 아카데미 남우주연상을 수상한다. 그는 이미 1974년에도 〈대부 2〉에서 빛나는 조연으로 활약한 덕에 아카데미 남우조연상을 수상한 바 있다.

리틀 이탈리아에 있는 모에 알바네제의 정육점. 이곳에서 로버트 드 니로의 친구 마틴 스콜세지가
여러 편의 영화를 찍었다.

'바비 밀크'의 뿌리는 리틀 이탈리아

아들에게 끈기와 철저함, 황소고집을 물려준 아버지는 아들이 가톨릭 미
사에 가는 것을 달가워하지 않았다. 아들이 어울려 다니는 애송이들은 더
마음에 안 들었다. "13살 때 워싱턴 스퀘어 파크에서 우연히 아버지를 만
났습니다. 이탈리아 친구들과 같이 있었는데 나중에 아버지한테 그 애
들하고 어울려 다니지 말라는 잔소리를 몇 시간 동안 들었지요." 당시 그
는 수줍은 성격이었지만 친구들과 어울려 온갖 장난을 치고 다녔다. 훗날
〈비열한 거리〉에서 그가 맡았던 애송이 불량배와도 크게 다르지 않았다.
재미만 있다면 내키는 대로, 닥치는 대로 저지르고 보는 골칫덩이들.

　항상 검은 모자를 쓰고 다녀서 그 구역에서 모두들 '버치 더 해트Butch the
Hat'라고 불렀던 프랭크 아퀼리노는 그 시절의 '바비'와 그 일당들을 아직도 생생히 기억한다. "그들은 자칭 '40인의 도둑'이라 불렀습니다. 사고는 치고 다녔지만 정말 위험한 짓은 안 했지요. 기껏해야 하수구 뚜껑의 나사를 풀어 열거나 신호탄을 쏘아 올리는 정도였으니까요. 자기들끼리만 어울려 다니며 그 안에서만 통하는 말을 만들어 썼어요. 2미터 거구인 아일랜드인 경찰들이 뒤를 캘 때면 아주 똘똘 뭉쳤지요."

로버트 드 니로보다 두 살 어렸던 '버치 더 해트'는 훗날 〈좋은 친구들〉에서 드 니로의 경호원 역할을 맡았다. "당시 바비는 팔에 화살 문신을 새기고 있었습니다. 모든 것을 찬찬히 관찰하지만 말은 별로 없는 조용한 친구였지요. 그 당시에도 배우가 되고 싶다고 했어요. 최근에 그가 나한테 왜 이 직업을 택했냐고 묻길래 늙기 싫어서라고 대답하자 그는 그냥 히죽 웃기만 했습니다." 프랭크 아퀼리노는 마틴 스콜세지와도 오랜 친분이 있는 사이다. "마틴도 바비처럼 호기심이 많았습니다. 그때도 늘 카메라를 들고 거리를 싸돌아다녔지요."

'버치'는 대부분 이탈리아 레스토랑 라 멜라^{La Mela} **26** D5에서 끼니를 때우지만 혹시 스테이크를 살 일이 있으면 모에 알바네제의 정육점^{Albanese Meats and Poultry} **34** D5에 간다. 뉴욕에서 가장 오랜 역사를 자랑하는 이 정육점은 1923년 이래 별로 변한 것이 없다. 아버지에게 정육점을 물려받은 주인 모에 알바네제는 지금도 계산서를 연필로 종이에 적는다. 그사이 돋보기가 필요해졌고 시간도 더 오래 걸리지만 그의 고기는 여전히 신선하고 붉다. 그 집 부엌 뒷방에서 스콜세지는 몇 편의 영화를 찍었다. 피자 전문점 레이스^{Ray's} **22** D5에서 주문한 소 뒷다리를 잘게 다지고 있던 정육점 주인은 그 영화들의 제목은 기억하지 못하지만 '40인의 도둑'이 떠들어대던 소리는 아직도 생생히 기억한다.

로버트 드 니로는 여전히 예전에 살던 지역에 자주 들른다. 그곳의 레

스토랑과 호텔, 자신의 제작사 트라이베카필름^{Tribeca Film}은 물론이고 제작
사와 관련한 영화제에도 자주 얼굴을 내민다. 그렇지 않을 때는 뉴욕 주
캐츠킬 산맥의 목장에 있다. 그곳에서 이혼이 법적 효력을 발휘하지도 않
은 상태에서 12살 연하의 그레이스 하이타워와 두 번째 결혼식을 올렸다.
결혼식 증인은 당연히 마틴 스콜세지였다.

그리니치 호텔 **45** C4

377 Greenwich Street , New York
www.thegreenwichhotel.com
▶지하철 : 프랭클린 스트리트Franklin Street

라 멜라 **26** D5

167 Mulberry Street , New York
www.lamelarestaurant.com
▶지하철 : 커널 스트리트Canal Street

모에 알바네제의 정육점 **34** D5

238 Elizabeth Street , New York
www.moethebutcher.com
▶지하철 : 스프링 스트리트Spring Street

피자 전문점 래이스 **22** D5

27 Prince Street , New York
www.raysnewyorkpizza.com
▶지하철 : 프린스 스트리트Prince Street

트라이베카필름페스티벌

www.tribecafilm.com

Rudolph Giuliani

루돌프 줄리아니 1944~

뉴욕을 안전한 도시로 만든 107대 시장

부지런한 107번째 뉴욕 시장은 이미 불가능에 가까운 일을
해냈다. 그러나 2001년 9월 11일, 또 한 번의 시련이 닥쳤다.
그의 인생에서 가장 어려운 순간이었다.

정말로 번잡스럽다. 한 남자의 주변으로 쉴새없이 사람들이 오간다. 그러
거나 말거나 흰 쿠르타를 입은 젊은 남자는 아랑곳하지 않고 요가에 열중
한다. 지금 그곳이 타임스 스퀘어Times Square **36** J3가 아니라 갠지스 강변인
양 느긋하게 힌두교 의식을 마치고 몸을 코브라 자세로 꼬더니 물구나무
를 선다. 심지어 누군가 카메라를 들고 사진을 찍고 다녀도 개의치 않는
다. 이곳은 뉴욕이고, 이곳에서는 정말 수없이 많은 일들이 동시에 일어
나기에 일일이 다 신경 쓸 수가 없다. 순찰차에 기대선 뉴욕 경찰청의 두
여성 경찰관도 요가 자세의 남자보다는 지나다니는 행인들에게 더 관심
을 보인다.

　1990년대 초만 해도 그런 장면은 상상도 할 수 없었다. 당시 타임스 스
퀘어에는 하늘색으로 표시한 보행자 전용 도로가 없었다. 당연히 요가꾼
들이 있을 리 만무했다. 대신 스트립쇼와 포르노 극장 사이를 딜러와 매
춘부, 포주들이 어슬렁거렸다. 야한 불빛의 섹스 숍 앞에서는 취객들이

142

뉴욕 시장 루돌프 줄리아니는 범죄의 도시 뉴욕을 안전한 도시로 만들었다. 2001년 9/11 당시에도 위기관리 능력을 완벽하게 입증해 보였다.

잠에 빠져 있었고 다 쓰러져 가는 극장 입구에서는 약에 취한 마약 중독 자들이 주삿바늘을 팔에 찔렀으며, 신호에 걸려 멈춰 선 자동차 운전자들에게 거구의 남자들이 다가와 유리창을 닦으라고 협박했다. 1990년대 중반 뉴욕의 이미지는 최악이었다. 도시 구석구석이 손을 보지 못해 부서져

줄리아니가 시장이 되기 전 브라이언트 파크는 하도 위험해 출입 금지 구역이었다.
그러나 지금은 예술의 꽃이 피어나는 현장이 되었다.

내렸으며 경제적으로도 피폐했고 파산 직전이었다. 마약, 조직범죄, 치솟는 범죄율이 뉴욕의 이미지였다. 거의 매일 살인 사건이 터졌고, 브롱크스 같은 구역은 생명을 위협하는 대도시의 정글이었다. 경찰과 시 공무원은 부패로 악명 높았다.

　뉴욕의 가장 괄목할 만한 변화는 루돌프 줄리아니라는 이름과 떼려야 뗄 수 없다. 1994년 1월, 시청[C4]에 입성한 그에게는 확실한 계획이 있었다. 그는 엄격하고 철저하며 예외 없는, 범죄와의 전쟁을 선포했다. 그날 이후 아무리 사소해도 일체의 위법 행위는 즉각 처벌받았다. 경범죄와 중범죄의 차이를 두지 않았다. 규칙을 지키지 않는 사람은 모두가 처벌 대상이었다. 거지, 노숙자, 소매치기, 도둑, 살인자를 가리지 않았고, 공공장소에서 맥주를 마시거나 역에서 잠을 자거나 벽에 낙서를 하거나 돈세탁을 하거나, 줄리아니의 무관용 정책은 철저하게 집행되었다. 정책의 기조는 '깨진 유리창' 이론이었다. 타락의 조짐만 보여도 당장 멈춰 세워야 하며 깨진 유리창을 수리하지 않고 그대로 방치하는 것은 질서를 지키지 않고 범죄를 불러들이겠다는 신호라는 것이다. 줄리아니의 경찰단은 이 원칙을 철저하게 적용했다. 뉴욕 시민들도 나서서 지원을 아끼지 않았다.

줄리아니, 뉴욕을 살 만한 도시로 만들다

대대적인 성공이었다. 살인 사건은 3분의 1로 줄었고, 범죄율은 반 토막이 났다. 노점상과 거지가 도심에서 사라졌다. 뉴욕은 미국에서 가장 안전한 대도시가 되었다. 무엇보다 미드타운 맨해튼이 크게 바뀌었다. 타임스 스퀘어 주변 지역이 정화되자 월트디즈니사 같은 미디어 대기업들이 들어와 자리를 잡았으며 건축 붐이 다시 일었다. 기업들이 돌아왔고 오랜만에 뉴욕 밖으로 나가는 사람들보다 안으로 들어오는 사람들이 더 많아졌다. 예전보다 훨씬 사람이 살 만한 곳으로 변한 것이다.

그런 변화를 입증하는 가장 대표적인 장소 중 한 곳이 예전에는 쓰레기로 넘쳐나던 브라이언트 파크^{Bryant Park} **8** H4다. 점심 약속을 잡고 콘서트를 즐기는 대도시의 오아시스, 나무 아래에서는 회전목마가 돌고, 아이들을 위한 독서 코너가 마련되기도 한다. 전통을 자랑하는 뉴욕 공립 도서관 New York Public Library H4 바로 옆에 있기 때문이다. 늦가을이면 스케이트장이 마련돼 누구나 무료로 스케이트를 탈 수 있다. 스케이트장과 동시에 개장하는 크리스마스 마켓은 한 해를 마무리하는 뉴욕의 하이라이트 행사다. 그렇다면 과연 이런 놀라운 변화를 이끌어 낸 주인공은 어떤 사람일까?

1944년 5월 24일, 루돌프 줄리아니는 이탈리아 이민자의 손자로 브루클린^{Brooklyn} A/B6/7에서 태어났다. 아버지가 성실한 식당 주인이 아닌 전과

자이며 마피아의 카지노에서 기도로 일했다는 것은 2000년에 와서야 밝혀진 사실이다. 당시 줄리아니는 이미 시장에 재선되어 임무를 수행 중이었다. 게다가 그의 임기 중 가장 큰 시험이 기다리고 있다는 사실을 그 누구도 짐작하지 못했다.

어린 시절 루돌프는 브루클린과 롱아일랜드 섬의 가톨릭 학교에 다녔고 사제가 되고 싶었다. 하지만 뉴욕 대학교 로스쿨로 진로를 바꿔 최우등 졸업의 영예를 안았다. 1975년에는 민주당에 입당했다가 독립당으로 당적을 바꿨고 제럴드 포드 대통령의 보좌관이 되었다가 1980년 공화당에 입당한다. 검사가 된 후에는 월스트리트 브로커들의 내부 거래를 추적했고 뉴욕 시장 에드 코흐의 측근 정치가들을 부패 혐의로 법정에 세웠다.

1989년에 뉴욕 시장 선거에 출마했지만 흑인 시장 후보 데이비드 딘킨스에게 근소한 차로 패배했다. 5년 후 그는 뉴욕을 안전하고 깨끗한 도시로 만들 것이며 부패의 늪을 말려 버리겠다는 공약을 내걸고 재도전해 승리한다. 부패 척결의 공약 역시 잘 지켜졌다. 그는 검찰 수뇌부를 뇌물 수수죄로 기소했고 경찰국장의 도움을 받아 경찰의 구조 개혁을 단행했다.

이 같은 큰 성과에도 줄리아니에 대한 평가는 엇갈린다. 그를 뉴욕의 구원자라고 생각하는 사람들도 있지만 또 한편에서는 중서부의 생활 방식을 강요하는 '바른 생활 사나이'라는 비판도 없지 않다. 그를 공격하는 사람들은 그의 부패 척결 작업은 겉모습일 뿐이고 결국에는 거침없는 상업화에 불과하다고 비판한다. 근본적인 사회 문제는 하나도 해결되지 않은 채 노숙자와 걸인들은 외곽으로 쫓겨났다고 말한다. 그러던 차에 경찰이 비무장 흑인 청소년을 사살하는 사건이 벌어졌는데 줄리아니가 공개적으로 경찰을 비호하면서 다시 한 번 비판의 포화를 받게 된다.

2001년 9월 11일, 루돌프 줄리아니는 두 명의 정당 친구와 함께 미드타

그라운드제로의 9/11 메모리얼은 그날의 악몽을 기억한다. 2천 800명이 넘는 희생자의 이름이 동판에 새겨져 있다.

운의 페닌슐라 호텔The Peninsula New York K4에서 아침을 먹고 있었다. 평소 이 시각이면 시청에서 첫 미팅을 하고 있었겠지만 그날은 여유롭게 하루를 시작했다. 그런데 갑자기 비행기가 세계무역센터로 돌진했다는 뉴스를 들었다. 줄리아니는 바로 자리에서 일어났다. "차에 오르기 전에 구름 한 점 없는 하늘을 올려다보고 평범한 사고가 아니라는 것을 알았다. 아마 어떤 미치광이가 직장 문제나 여자 친구 때문에 미친 짓을 저질렀다고 생각했다. 뉴욕에서는 충분히 일어날 수 있는 일들이니까." 훗날 그는 악몽 같은 그날 아침을 이렇게 회상했다. 그가 탄 자동차가 불타는 타워에서 1마일 떨어진 곳까지 다가갔을 때 폭발음이 들렸다. 그리고 불타는 건물 위층에서 절망에 빠진 사람들이 아래로 뛰어내렸다. 첫 번째 타워가 무너지면서 땅이 흔들렸다. 모두가 공포에 휩싸였다. 무슨 일이 일어날지 예측할 수 없는 상황이었다. 줄리아니는 로어 맨해튼에 소개령疏開令을 내렸다. "그런 상황에서 제일 중요한 것은 평정심을 지키는 일이다. 아버지한 테서 배웠다. 그래야 판단을 내릴 수 있다." 10년 후 그는 이렇게 말했다.

알카에다의 테러는 뉴욕에 역사상 최악의 상처를 남겼다. 사망자 2천 800여 명 중에는 소방관이 많았다. 팔을 걷어붙이고 현장에 뛰어들었던 시장은 위기관리 능력을 완벽하게 입증해 보였고 덕분에 〈타임〉지가 선 정한 '올해의 인물'이 되었다. 영국의 엘리자베스 여왕은 그에게 기사 작 위를 내렸다. 2001년 12월 31일, 테러가 있은 지 불과 몇 주 후 그의 임기 가 끝났다. 재선은 불가능했다. 유력한 대통령 후보로도 거론되었으나 결 국 후보직을 사퇴하고 안전 관련 컨설팅 회사를 차려 멕시코시티처럼 범 죄율 높은 도시들에 도움을 주고 있다.

9/11의 상처와 세계무역센터의 재건축

끝없이 되풀이되던 TV 화면은 전 세계인의 뇌리에 강렬하게 각인됐다. 뉴욕은 깊은 충격에 빠졌다. 많은 사람들이 예전의 뉴욕을 돌이킬 수 없 다고 생각했다. 하지만 도시는 놀라운 속도로 과거의 모습을 되찾았다. 절대 잊을 수 없는 상처를 털어 버리기 위해 더 노력했는지도 모른다. 세 계무역센터의 두 타워가 세계 최고의 무역 수도임을 자랑하던 그곳, 맨해 튼의 그라운드 제로에는 거대한 구멍이 입을 벌렸다.

무역센터의 재건축을 위한 경쟁에서 건축가 다니엘 리베스킨트가 최 종 선정되었다. 홀로코스트를 간신히 피해 탈출한 유대인 가족의 아들로 1946년 폴란드에서 태어난 리베스킨트는 2001년 베를린유대박물관을 설계했다. 그가 제시한 그라운드 제로의 설계는 중앙의 사망자 위령 장소 를 둘러싸고 다섯 개의 고층 건물을 짓는 것이었다. 정확히 테러 발생 10 년 후 9/11 메모리얼^{9/11 Memorial} **1** B4의 제막식이 거행되었다. 사망자의 이름이 새겨진 두 개의 분수, 541미터의 높이로 미국 최고층 건물인 제1세계무역센터One World Trade Center는 2014년에 완공되었다.

뉴욕 시민들은 9/11 사태가 발생한 지 며칠 후 세인트 빈센트 병원에 또 한 곳의 추모 장소를 마련했다. 그사이 문을 닫은 이 병원은 당시 밀려드는 부상자들을 치료하던 곳이었다. 맞은편 울타리에는 수많은 사람들이 손수 그린 타일들을 붙인 '타일스 포 아메리카'Tiles for America **14** F3가 붙어 있다. 그 타일들은 제각각 살기에 급급한 이 거대한 도시에도 안타까운 사연의 희생자를 돌아보고 애도할 줄 아는 사람들이 살고 있다는 아름다운 증거일 것이다.

9/11 메모리얼 **1** B4
180 Greenwich Street, New York
www.911memorial.org
▶지하철: 풀턴 스트리트Fulton Street

브라이언트 파크 **8** H4
미드타운
▶지하철: 42번 스트리트-브라이언트 파크42nd Street-Bryant Park, 5번 애버뉴5th Avenue

타일스 포 아메리카 **14** F3
Greenwich Avenue/13th Street
www.tilesforamerica.com
▶지하철: 14번 스트리트14th Street, 8번 애버뉴8th Avenue

타임스 스퀘어 **36** J3
미드타운
▶지하철: 타임스스퀘어-42번 스트리트Times Square-42nd Street

패티 스미스 1946~
로버트 메이플소프 1946~1989
가수와 사진작가, 뉴욕이 낳은 비범한 사랑

"브루클린의 모든 도로가 사진에 담고 싶은 풍경이었고
모든 창문이 라이카의 대상이었던 먹구름 드리운 날들이 있었다."
여가수는 사진작가와 함께 한 뉴욕의 시절을 이렇게 표현했다.

재즈 색소폰 연주자 존 콜트레인John Coltrane이 죽고 지미 핸드릭스Jimi Hendrix
가 몬테레이에서 자기 기타를 불에 던져 버렸던 바로 그 여름이었다.
1967년, 20살의 패티 스미스는 버스를 타고 뉴저지의 캠던을 떠나 뉴욕
에 도착했다. 사내아이처럼 껑충한 키에 엉덩이가 작고 삐쩍 마른 몸매,
책에 푹 빠진 독서광인 그녀는 뉴욕에서 예술가로 살면서 예술가를 사랑
하며 예술가와 함께 살 것이라고 결심했다. 그녀는 청바지에 검은 터틀
넥 스웨터, 비옷을 입었다. 손에 든 노랑과 빨강 체크무늬의 트렁크에는
옷가지와 가족사진, 노트와 랭보의 시집《일뤼미나시옹*Les Illuminations*》
(1886)이 들어 있었다. 10대 시절 기차역 가판대에서 샀다가 미친 듯이 읽
었던 시집이었다. 그날 이후 프랑스 시인 랭보는 '수호천사'가 되었고 모
든 영감의 원천이 되었다. 시집을 산 지 3년 후 첫 경험에 그만 임신을 하
게 되고 혼자서 아이를 낳아 입양을 보내고 대학을 도망쳐 나왔을 때에도

'펑크 록의 대모'이자 서정시인, 화가인 패티 스미스가 베니스국제영화제에 참석했다.

그녀의 마음을 어루만져 준 것은 랭보의 시들이었다.

뉴욕에 도착한 직후 패티 스미스는 브루클린^{Brooklyn} A/B6/7에서 얼굴이 창백하고 삐쩍 마른 청년을 만났다. 검은 곱슬머리에 날렵한 손가락, 유리구슬 목걸이를 걸고 있던 그가 바로 롱아일랜드 출신의 로버트 메이플

이스트 빌리지의 세인트 마크스 플레이스. 예나 지금이나 대안적 삶이 펼쳐지는 곳이다.

소프였다. 로버트는 전직 장교였던 아버지와 사이가 좋지 않았다. 그래 픽 학교를 졸업할 생각은 않고 마약이나 하고 이상야릇한 장신구나 만들고 다니는 아들이 아버지의 성에 찰 리 없었다. 어쨌든 둘의 첫 만남은 그렇게 아무 일 없이 스쳐 지나갔다. 그녀는 처음 몇 주는 혼자 버텼다. 졸업장도 자격증도 없었고, 주머니에 돈도 없었다. 일자리를 구하기 위해 서점을 전전했다. 밤에는 센트럴 파크의 벤치나 지하철역에서 쪽잠을 잤다. 두려움은 없었다. 딱 봐도 한 푼도 없게 생겼으니까.

훗날 그때를 회상하며 그녀는 이렇게 말했다. "대도시는 진짜 대도시였다. 분주했고 섹시했다. 포르노 극장과 상스러운 여자들, 번쩍거리는 기념품 가게, 핫도그 노점이 늘어선 42번 스트리트에서 뭔가 재미난 일을 찾던 들뜬 젊은 선원 무리들이 나를 이리 밀치고 저리 밀쳤다. 나는 극장

상영관을 얼쩡거렸고 검은 외투를 입은 남자들이 다닥다닥 붙어서 신선한 굴을 무더기로 후루룩 빨아 먹는 멋진 그란츠 바Grant's Bar를 창으로 훔쳐보았다. 마천루는 아름다웠다. 단순한 대기업의 껍데기처럼 느껴지지 않았다. 마천루는 거만하지만 정은 많은 미국의 마음을 상징하는 기념비였다."

42번 스트리트의 포르노 극장들은 지금은 볼 수 없다. 하지만 패티 스미스가 거리와 공원에서 시간을 보냈던 이스트 빌리지East Village E6는 거의 변한 것이 없다. 그녀는 세인트 마크스 플레이스St. Mark's Place **31** E5를 어슬렁거렸고 줄무늬 나팔바지와 군복 재킷을 입은 긴 머리 청년들과 바틱 염색천 옷을 입은 처녀들을 보며 깜짝 놀랐다. 거리는 전단지로 도배되어 있었고 공기 중엔 대마초 연기가 자욱했다. 지금도 이곳은 피어싱 가게, 이국적인 물건을 파는 가게나 값싼 모로코 레스토랑이 즐비하고 머리가 희끗희끗한 히피들이 모로코의 뜨거운 심장 마라케시로 떠날 날을 꿈꾸는 대안적 삶의 현장이다.

톰킨스 스퀘어 파크에서 만나다
1967년으로 돌아가 보자. 아직 젊고 혁명적이었던 히피들은 음악과 마리화나로 반전을 외쳤다. 패티는 점원으로 일하던 서점에서 브루클린에서 만난 그 청년을 다시 보았다. 그가 페르시아 목걸이를 샀는데 패티는 즉흥적으로 이 목걸이를 자신 말고는 절대 누구에게도 선물하지 말라고 부탁했다. 그는 그러겠다고 약속했다. 예나 지금이나 나무 그늘에 앉은 사람들이 한가롭게 기타 연습을 하는 톰킨스 스퀘어 파크Tompkins Square Park **37** E6에서 그들은 세 번째로 우연히 만났다. 너무나도 배고프고 돈이 달랑달랑하던 그녀에게 어떤 공상 과학 소설가가 저녁을 같이 먹자고 말했다.

그녀는 덥석 데이트 신청을 받았지만 막상 밥을 먹고 나서는 어떻게 이 남자를 떼어 버릴까 온갖 궁리를 하던 참이었다. 바로 그 순간 삐쩍 마른 검은 머리의 브루클린 청년이 저기서 걸어오고 있었다. 살짝 휘어진 'O' 자 다리 때문에 멀리서도 한눈에 알아본 그녀는 그를 잡아끌고 와서 남자 친구라고 소개했다.

그날부터 둘은 떨어질 수 없는 사이가 되었다. 패티가 뉴욕에 처음 도착한 날 두 사람이 만났던 브루클린에 로버트의 셰어하우스가 있었다. 둘은 그곳에서 첫날밤을 보냈다. 로버트는 자기 그림 몇 장을 보여 주었고 패티는 세심하고 배려심 많은 그가 영혼의 동반자임을 알아차렸다. "우리는 밤새 다다이즘과 초현실주의에 관한 책을 읽었고 결국 미켈란젤로까지 거슬러 올라가 예술에서 느끼는 경이로움을 함께 나눴다. 말이 없어도 서로의 생각을 빨아들였고 희뿌옇게 동이 틀 무렵 서로 뒤엉켜 잠이 들었다. 눈을 떴을 때 그는 히죽 미소를 지었고 나는 그가 나의 기사라는 것을 깨달았다. 우리는 일하러 갈 때를 제외하고는 꼭 붙어 있었다. 굳이 말하지 않아도 서로를 너무나 잘 이해했다."

두 사람이 처음으로 함께 살았던 3층짜리 집은 지금도 브루클린의 거리를 수놓은 전형적인 벽돌 건물 중 한 채다. 월세가 80달러였다. 곰팡이와 사이키델릭한 그라피티를 벽에서 긁어내고 오븐에서 주사기를 치웠다. 가구는 버려진 것을 주워 오거나 직접 만들었다. 로버트는 끈기 있게 진주를 꿰어 커튼을 만들었고 등잔을 조립해 직접 디자인한 무늬를 그려 넣었다. 벽에는 그림을 그리거나 인디언 천으로 장식했다. 패티는 필기구를 잘 정돈해 둔 책상 위에 랭보와 밥 딜런, 에디트 피아프, 존 레넌의 초상화를 붙였다. 로버트는 쇼윈도 디자이너로 일하면서 프랫 인스티튜트 Pratt Institute에서 공부했고, 패티는 지금도 남아 있는 고서점 아고시 북 스토

1985년, 사진작가 로버트 메이플소프가 첼시의 스튜디오에서 포즈를 취했다. 4년 후 그는 에이즈로 세상을 떠났다.

어Argosy Book Store 2 K5에서 먼지 덮인 대형 서적들을 닦았다.

한가할 때는 보온병에 커피를 담아 워싱턴 스퀘어 파크Washington Square Park 43 E4로 나들이를 가서 분수 옆에서 음악가들의 노래에 귀를 기울였다. 아치가 있는 그 널찍한 광장은 예나 지금이나 근처 대학생들과 연인들의 데이트 장소다. 지금도 햇빛 찬란한 일요일이면 피아니스트의 연주가 지나가는 행인들의 발길을 붙든다.

어느 늦여름, 아무것도 걸치지 않은 상체에 흰 양털 조끼를 입고 알록달록한 유리구슬을 목에 건 로버트와 구멍 난 머플러와 비트족 샌들을 신은 패티가 중년 관광객 부부의 눈에 들었다. "예술가들인가 봐요" 아내가 말했다. "말도 안 돼, 그냥 애들이야They're just kids" 남편이 말했다. '저스트 키즈' 이 무례한 표현은 30년도 더 지난 1989년, 에이즈로 사망한 로버트의 뉴욕 시절을 담은 패티의 회고록 제목이 되었다. 1970년대 초 로버트와 패티는 많은 예술가가 그랬듯 첼시 호텔^{Hotel Chelsea} **11** G3로 이사했다. 로버트의 그림을 주고 싼 방을 얻은 것이다. 그곳에서 비트족의 대표 시인 윌리엄 버로스^{William Burroughs}를 만났다. '아주 세련된 검은색 개버딘 외투와 회색 양복을 입은' 그가 술집에서 밤을 지새우고 호텔 로비로 비틀대며 걸어올 때면 패티는 매번 넥타이를 고쳐 매어 주었다.

그러나 패티와 로버트의 애정은 서서히 우정으로 변했다. 그사이 로버트가 자신의 동성애적 성향을 깨닫게 된 것이다. 서로를 살찌우는 꼭 닮은 두 예술 영혼, 그들은 그런 사이가 되었다. "첼시 호텔은 트와일라이트 존에 있는 인형의 집 같았다. 수백 개의 방들이 제각각 나름의 작은 우주를 품고 있었다. 나는 이 호텔을, 이곳의 초라한 우아함을, 이곳이 그토록 열심히 지켰던 사연들을 사랑했다. (중략) 이 빅토리아풍의 인형의 집 곳곳에서 많은 작품들이 쓰이고, 많은 이들이 교류하고, 또 많은 이들이 죽음을 맞았다. 얼마나 많은 드레스 자락이 닳을 대로 닳은 대리석 계단을 쓸고 지나쳤는지 모른다. 방황하는 수많은 영혼들이 이곳에서 환영받고, 흔적을 남기고 또 스러져 갔다. 나는 조심조심 복도를 오가며 그들의 영혼을 느껴 보려 애썼다."

여성 운동의 아이콘, 패티 스미스

1970년대 중반, 패티 스미스는 데뷔 앨범 〈호시스Horses〉로 뉴욕 펑크 록의 중심인물로 떠올랐다. 로버트가 찍은 앨범 재킷 사진은 흰 남성용 셔츠를 입고 약물 복용자처럼 비쩍 마른 몸으로 도전적인 눈빛을 던지는 순간을 포착했다. 2년 후엔 브루스 스프링스틴과 함께 부른 〈비코즈 더 나이트Because the Night〉로 다시 한 번 팬들을 열광시켰다. 부드러운 분노가 담긴 가사와 비전통적 생활 방식은 그녀를 여성 운동의 아이콘으로 만들었다. 1980년 패티 스미스는 기타리스트 프레드 스미스와 결혼해 두 아이를 낳았다. 1994년 남편이 세상을 떠났고, 2년 후 〈곤 어게인Gone Again〉으로 다시 무대에 올랐다. 그날 이후 쉬지 않고 공연하고 있다.

로버트 메이플소프는 1980년대 소호의 갤러리에서 초상 사진과 꽃 정물 사진으로 이름을 날렸다. 그가 존경했던 앤디 워홀을 비롯해 리처드 기어, 그레이스 존스 등의 사진이 그의 손에서 탄생했다. 그러나 방만한 생활과 동성애적 작품들 때문에 혐오의 대상이 되기도 했다. 세상을 뜨기 1년 전인 1988년, 휘트니 미술관에서는 그의 첫 대형 회고전이 열렸다.

아고시 북 스토어 **2** K5

116 East 59th Street , New York
www.argosybooks.com
▶지하철 : 렉싱턴 애버뉴 – 59번 스트리트Lexington Avenue – 59th Street

워싱턴 스퀘어 파크 **43** E4

그리니치 빌리지
▶지하철 : 웨스트 4번 스트리트West 4th Street

첼시 호텔 **11** G3

222 West 23rd Street , New York
▶지하철 : 23번 스트리트23rd Street

톰킨스 스퀘어 파크 **37** E6

이스트 빌리지
▶지하철 : 1번 애버뉴1st Avenue

휘트니 미술관

99 Gansevoort Street , New York
www.whitney.org
▶지하철 : 14번 스트리트14th Street

폴 오스터 1947~
시리 허스트베트 1955~

소설로 뉴욕을 탐독한 부부 작가

작가 커플의 소설에는 뉴욕이 가득하다.

그들의 책 대부분이 실제의 뉴욕을 무대로 삼기에

그 책들을 관광 안내서 삼아 뉴욕을 여행할 수도 있다.

유서 깊은 컬럼비아 대학교, 리버사이드 파크, 암스테르담 애버뉴, 센트럴 파크의 북서쪽에 자리한 교차로들……. 맨해튼의 어퍼 웨스트 사이드가 이제 막 중서부의 고향 집을 떠나 뉴욕 웨스트 109번 스트리트의 원룸에 살면서 문학을 전공하는 여대생 아이리스 비건의 일상이 펼쳐지는 무대다.

아이리스는 낮에는 버틀러 도서관에서 박사 논문을 쓰고 더위로 잠 못 이루는 밤에는 도시의 소음에 귀를 기울이거나 환풍기 위 창살 사이로 이웃들을 관찰한다. 또 학비를 벌기 위해 웨이트리스로 일하거나 블루밍데일스 백화점Bloomingdale's **5** K5에서 붉은 낙하산 천으로 만든 유니폼을 입고 이 부서 저 부서를 뛰어다니는 매장 직원으로 일한다. 가끔씩 남자 친구 스티븐과 차이나타운의 식당에서 밥을 먹지만 남자 친구가 매번 약속을 어기는데다 뒤에서 몰래 살금살금 다가오기 때문에 짜증이 난다.

문학 페스티벌에 참가한 시리 허스트베트와 남편 폴 오스터.

매력적인 뉴욕의 여성 작가 시리 허스트베트가 1992년에 발표한 소설 《눈가리개*The Blindfold*》에서는 이렇듯 여주인공이 지하철 이름까지 그대로인 실제와 똑같은 맨해튼에서 살아간다. '열차가 덜커덩거리며 72번 스트리트 역을 떠날 때' 살짝 떨어져 있던 스티븐이 여자 친구에게 키스한

할렘의 암스테르담 애버뉴. 오스터와 허스트베트의 소설에는 뉴욕의 일상이 고스란히 담겨 있다.

다. 그 순간 시리 허스트베트의 여주인공은 머릿속으로 이렇게 생각한다. "키스에는 분노가 담겨 있었다. 그 짧은 순간 나는 나의 권력을 즐겼다."

두 사람은 지인을 만나기 위해 브로드웨이로 가는 길이었다. 지인의 집에는 옥상 테라스가 있었다. "우리는 도시의 다른 풍경을 굽어보았다. 번쩍이는 아스팔트 표면의 타르, 신비로운 전선들, 녹슨 관, 이상할 정도로 작은 칸막이 방들…… 밥을 먹자 다들 나른해져서 말수가 줄었다." 고층 건물에서 맨해튼을 바라본 적이 있다면 누구나 공감할 수 있는 도시의 풍경이다. 이어지는 묘사는 이 도시에는 이렇게 높은 곳도 있지만 낮은 곳도 있기에 그 밑바닥과 등장인물들의 저변을 훑어갈 것임을 암시한다.

'거의 텅 빈 하얀 공장형 작업실' 주인인 조지는 사진작가다. 그와 아이리스는 암스테르담 애버뉴의 헝가리안 페이스트리 숍에서 만났다. 여름이면 바깥에 사람들이 모여 앉아 캠퍼스 생활을 구경할 수 있는 싸구려 식당이다. 밤이 되면 그는 좁다란 거리로 나가 소방 사다리를 기어올라 간 뒤 '쓰레기통 뒤에 숨어 어둠 속에서 사진을 포획'한다. 아이리스를 모델로 삼기도 했는데, 이상하게 흔들린 그녀의 사진 한 장을 화랑에 전시하는 바람에 아이리스는 깜짝 놀란다. 역시나 암스테르담 애버뉴에서 세를 사는 괴팍한 미스터 모닝의 집은 엘리베이터도 고장 났고 거실 책장엔 책이 넘쳐난다. 그는 돈이 없어 쩔쩔매는 문학 전공 여대생 아이리스에게 일상의 물건들을 글로 묘사해 보라는 이상한 일을 맡긴다.

서로를 찾았고 서로를 발견했다

소설에 나오는 장소는 물론이고 아이리스 비건의 이력도 어딘가 친숙하다. 놀랄 일이 아니다. 그녀를 만들어 낸 여성 소설가는 자신의 주인공과 공통점이 아주 많다. 시리 허스트베트 역시 미국 중서부 출신이다. 1955년 2월 19일, 그녀는 미네소타 주 노스필드에서 노르웨이 여성 이스터 비건과 노르웨이어 교수였던 로이드 멀린 허스트베트 교수의 딸로 태어났다. 그래서 어릴 적부터 두 개의 언어를 사용했고 작가가 되고 싶었다. 또한 자기 소설의 주인공처럼 빈 지갑과 대도시의 비밀에 굶주린 가슴을 안고 뉴욕으로 건너와 문학을 공부했다. 컬럼비아 대학에서 찰스 디킨스의 언어와 정체성에 관한 논문으로 박사 학위를 받았고, 1981년 시 낭송회에서 작가 폴 오스터를 만났다.

오스터의 조부모는 갈리시아와 우크라이나에서 미국으로 이민 온 유대인이었다. 1947년 2월 3일 뉴저지에서 태어난 오스터 역시 컬럼비아 대학에서 문학을 공부했다. 그 후 3년 동안 파리에 살면서 번역가로 일했고 그때 사뮈엘 베케트와 만남을 갖는다. 뉴욕으로 돌아온 그는 학생들을 가르치며 소설을 쓰기 시작했다. 시리 허스트베트를 만날 당시 첫 번째 아내 리디아 데이비스와 이혼하고 브루클린으로 거처를 옮긴 상태였다. 두 사람은 1982년에 결혼해 딸을 하나 얻었다. 딸의 이름은 폴 오스터의 뉴욕 3부작The New York Trilogy에 나오는 인물 소피 팬쇼의 이름을 따서 소피라고 지었다.

자세히 들여다보면 두 작가의 인생사와 소설은 놀라울 정도로 공통점이 많다. 족히 30편은 넘는 오스터의 장편 소설과 단편 소설, 시나리오들도 뉴욕을 배경으로 한다. 실존주의적인 그의 작품에 등장하는 주인공들은 그와 마찬가지로 작가인데다 쉬지 않고 삶의 의미와 정체성을 찾아 헤맨다. 현실과 허구를 구분할 수 없을 만큼 뒤섞여 녹아든다.

뉴욕 3부작의 첫 작품으로 1985년에 세상에 나온 《유리의 도시City of Glass》의 주인공은 가혹한 운명의 장난에 무너지는 작가 퀸이다. 어느 날 퀸은 '폴 오스터'라는 이름의 탐정을 찾는 잘못 걸려온 전화를 받게 되고, 그 우연한 통화에 자신이 직접 탐정이 되어 보기로 한다. 의뢰인은 그에게 어떤 사람의 일상을 감시해 달라고 요청하고, 그 제안을 받아들임으로써 그는 혼란스러운 숨바꼭질에 빠져든다.

퀸은 의뢰받은 사건을 추적하는 과정에서 문제가 발생해 진짜 '폴 오스터 탐정'을 찾아가지만 그는 탐정이 아닌 '작가 폴 오스터'였고, 작가뿐 아니라 그의 아내 시리 허스트베트를 알게 된다. 오스터는 등장인물과 그들의 도플갱어, 가명, 필명, 정체성과 능수능란하게 유희한다.

"퀸은 고개를 들고 먼저 여자 쪽을 보았다. 그 짧은 순간 퀸은 자신의 처지가 너무 한심하다는 생각이 들었다. 그의 심장이 쿵쾅거렸다. 그녀는 늘씬한 키에 엷은 금발의 눈부시도록 아름다운 미인인데다 주위의 모든 것들을 보이지 않게 만드는 활기와 행복감을 발산하고 있었다."

폴 오스터의 작품 배경이 된 뉴욕 차이나타운의 어두운 골목.

시리 허스트베트에 대한 솔직한 평가이자 멋진 문학적 애정 고백이라 할 구절이다. 그들의 소설이 미국보다 더 인기를 누렸던 독일과 프랑스에서 그들을 문학이 맺어 준 가장 이상적인 커플로 칭송한 것도 놀랄 일은 아니다.

오스터의 뉴욕 3부작에서 허드슨 강변의 도시는 제목으로만 중요한 것이 아니다. 뉴욕은 지리적으로나 실존적으로 인물의 운명을 결정한다. "무궁한 공간, 끝없이 걸을 수 있는 미궁이었다. 아무리 멀리까지 걸어도, 근처에 있는 구역과 거리들을 아무리 잘 알게 되어도, 그 도시는 언제나 길을 잃었다는 느낌을 안겨 주었다." 작가의 제2의 자아인 퀸에게 뉴욕은 이런 공간이었다.

지도에 표시했다가 반나절이면 주파할 수 있는 여정을 따라 맨해튼을 가로지른 퀸은 국제연합**41**J5/6본부 앞 벤치에 앉아 걸어오면서 목격한 것들을 글로 남긴다. 연필 파는 맹인, 스텝 댄스를 추는 늙은 흑인, 색소폰 부는 사람, 기타를 연주하는 사람, 바이올린 켜는 사람, 태엽을 감는 장난감 원숭이 두 마리를 가지고 나온 클라리넷 연주자, 광기에 싸여 혼잣말을 하고 중얼거리고 고함을 지르고 욕을 퍼붓고 신음 소리를 내는 미치광이들, 누가 듣기라도 하는 듯 자기 이야기를 늘어놓는 사람들……. "쇼핑백을 든 여자들, 자질구레한 물건들을 종이 박스에 넣어 이리저리 옮기는 남자들이 장소가 무슨 큰 의미라도 있는 듯 쉬지 않고 오간다. 성조기를 덮어 쓴 남자. 핼러윈 가면을 쓴 여자" 이런 실패한 인생들을 조명함으로써 《유리의 도시》는 화려한 도시 뉴욕이 숨긴 어두운 면을 낱낱이 드러낸다. 이 소설이 나온 1985년 당시 뉴욕은 파산 직전이었으며 거리에는 가난과 타락이 넘쳐 났다.

'무너진 도시'의 풍경

사회적 간극이 지금보다 훨씬 더 심했던 시절이었다. "어디나 붕괴되어 있고 무질서가 횡행한다. 무너진 사람들, 무너진 물건들, 무너진 생각들"과 같은 작가의 표현대로 이 '모호한 이야기'의 끝에서는 이야기를 지어낸 진짜 폴 오스터가 마지막으로 독자들을 혼란에 빠뜨리기 위해 마이크를 넘겨받는다. "2월에 내가 아프리카 여행에서 돌아온 지 채 몇 시간도 안 되어 뉴욕에 눈보라가 몰아치기 시작했다. 그날 저녁 나는 친구인 오스터에게 전화를 걸었다가 그에게서 가능한 한 빨리 자기 집으로 건너오라는 재촉을 받았다."

시리 허스트베트도 종류는 다르지만 남편 못지않은 문학의 숨바꼭질로 독자들을 혼란에 빠뜨린다. 《눈가리개》의 주인공 아이리스는 처음에는 장난이었지만 점점 더 강박적으로 남자로 변장한다. 뉴욕 전체가 속을 파낸 호박으로 장식하는 10월의 핼러윈이 다가오자 그녀는 남장하고 트라이베카의 창고에서 열린 가장무도회에 참석한다. 그렇게 역할 바꾸기에 재미를 들인 그녀는 아예 머리를 남자처럼 짧게 자른다. 그리고 교수 대신 번역하던 소설 여주인공에게 자극을 받아 '클라우스'라는 남자 이름으로 술집을 순례한다.

도시를 소설에 담은 오스터와 허스트베트는 브루클린에서 살았다. 〈노이에 취르허 차이퉁Neue Zürcher Zeitung〉지가 '우연이라는 강력한 음악의 카리스마 넘치는 지휘자'라고 칭송한 오스터는 자신이 사는 동네를 《브루클린 풍자극*The Brooklyn Follies*》(2005)과 영화 〈스모크Smoke〉(1995)의 시나리오에 담았다. 하비 케이텔이 연기했던 담배 가게 주인 오기는 12년 동안 아침마다 애틀랜틱 애버뉴와 클린턴 스트리트의 교차로를 사진에 담아 유한한 것들의 변화를 기록으로 남긴다.

"세상을 보려면 여행을 가야 한다고 말하지. 하지만 여기 남아서 눈을 뜨고 있으면 정말 넘치도록 세상을 보게 돼."

블루밍데일스 백화점 **5** K5

1000 3rd Avenue, New York
www.bloomingdales.com
▶지하철: 렉싱턴 애버뉴–59번스트리트Lexington Avenue–59th Street

애틀랜틱 애버뉴/클린턴 스트리트

브루클린
▶지하철: 보로 홀Borough Hall

컬럼비아 대학교와 버틀러 도서관

116th Street & Broadway, New York
▶지하철: 116번 스트리트–컬럼비아 대학교116th Street–Columbia University

헝가리안 페이스트리 숍

1030 Amsterdam Avenue, New York
▶지하철: 캐서더럴 파크웨이(110번 스트리트)Cathedral Parkway(110th Street)

사라 제시카 파커 1965~
만물의 중심은 '섹스 앤 더 시티'

〈섹스 앤 더 시티〉의 스타는 월스트리트의 광기도

감히 따라잡을 수 없는 뉴욕의 삶을 몸으로 보여 준다.

그것은 바로 사랑과 성의 광기다.

"뉴욕은 섹스를 중심으로 돌아간다. 섹스를 하는 사람, 섹스를 하고 싶은 사람, 그리고 섹스를 한 번도 못 해본 사람. 뉴욕은 결코 잠들 수 없다. 잠들기에 이 도시는 너무 바쁘다." 캐리 브래드쇼는 칼럼을 쓴다. 뉴욕의 라이프스타일 칼럼니스트인 그녀는 이런 글로 도발적인 주장을 외치고 뉴스거리를 추적한다. 우리 시대를 살아가는 이 허구의 인물은 소설을 쓰는 것이 아니라 뉴욕의 진짜 라이프스타일을 기록한다. 본능 중의 첫 번째, 바로 섹스 본능을······.

'섹스 셀즈Sex sells', 즉 '섹스가 돈이 된다.' 신문에서도 스크린에서도 현실에서도 그 말이 맞다. 세상에서 제일 멋지다는 그 일을 뉴욕의 TV 시리즈 〈섹스 앤 더 시티Sex and the City〉처럼 위트 있게, 자극적으로 연출할 수 있다면 말이다. 전 세계 수백만 시청자들이 사라 제시카 파커가 연기한 캐리와 세 친구를 보며 함께 웃고 울며 배우고 즐긴다.

우디 앨런의 〈애니 홀〉 이후 뉴욕의 이미지를 이토록 강렬하게 각인시

배우 사라 제시카 파커는 〈섹스 앤 더 시티〉에서 캐리 브래드쇼로 분해 세계적인 스타가 되었다.

킨 작품은 없었다. 주인공들의 공격적인 여성적 갈등 해법 역시 우디 앨런의 정통 후계자로 손색없다. 교양 있는 백인 중산층의 안락한 환경을 배경으로 짝짓기에 혈안이 된 대도시인들이 벌이는 은밀한 전투, 그 안에서 일어나는 온갖 갈등과 문제들이 코즈모폴리턴적인 한 줌의 '교양'과

뒤섞여 작품에 한껏 매력을 부여한다. "몇 주 동안 같이 잠을 잔 후에야 빅과 나는 마침내 같이 잠을 잘 수 있게 되었다" 같은 문장들은 우디 앨런도 입을 벌릴 정도로 멋들어진 표현이다.

　섹스와 뉴욕이라는 주제를 여성의 입장에서 바라본 이 시리즈의 시작은 1990년대 여성 저널리스트 캔디스 부시넬로 거슬러 올라간다. 그녀는 〈뉴요커 옵서버New Yorker Observer〉에 칼럼을 썼고 그것으로 베스트셀러를 만들었다. 1998년 〈섹스 앤 더 시티〉가 TV에 방송되고 나중에 영화로도 개봉하면서 뉴욕의 여배우 사라 제시카 파커는 포스트 페미니즘의 아이콘으로 떠올랐다.

　전 세계 여성들이 두근거리는 가슴을 안고 TV 앞으로 몰려들었다. 빅이 돌아올까? 캐리는 알렉산드르 페트로브스키와 파리에서 행복하게 살까? 〈섹스 앤 더 시티〉의 주인공은 호르몬이 마구 분출되는 30~50대 사이의 사회적으로 성공한 4명의 독신 여성이다. 그들은 투철한 실험 정신으로 무장한 채 사랑과 성, 진짜 짝을 찾아서 맨해튼의 싱글들의 무대를 허우적댄다. 물론 그 전후에 그들이 좋아하는 코즈모폴리턴 칵테일을 마시며 늘어지게 전략을 논의한다. 남자들의 술자리 못지않은 거침없는 입담과 논리로, 하지만 남자들과는 비교할 수 없는 우아함으로 자신은 물론 상대의 에로틱한 심연을 파헤친다.

　4명의 주인공이 각자 상징하는 여성상이 다르다. 패션 감각이 뛰어난 라이프스타일 칼럼니스트 캐리가 섹스 칼럼으로 주요 모티프를 제시한다. 캐리는 귀엽고 똑똑하며, '헉' 소리 나게 비싼 마놀로 블라닉 구두라면 사족을 못 쓴다. 또한 자신의 사자갈기 머리 못지않게 남자들을 가지고 놀며 신나게 실험한다. 그녀들이 노는 구역은 맨해튼이다. 캐리가 사는 우아한 어퍼 이스트 사이드^{Upper East Side E4-K4}, 괴짜들의 전시장 첼시^{Chelsea F/G2-4}의 갤러리들, 소방 사다리가 눈길을 끄는 트렌디한 소호^{Soho D4}, 돈 없는 사람은 명함도 못 내미는 초호화판 쇼핑 거리 5번 애버뉴^{Fifth Avenue E4-K4}, 예전에 도살장으로 쓰던 건물에 돼지 엉덩이 대신 디자이너들의 옷이 걸려 있는 미트패킹 디스트릭트^{Meatpacking District E/F3}다. 심지어 파리 장면도 어퍼 이스트 사이드의 프랑스식 호화 호텔 플라자 아테네^{Hotel Plaza Athénée} **23** ^{K4}에서 찍었다.

촬영지 투어

캐리가 칼럼니스트의 호기심과 철학적 탐구욕과 동화 속 왕자님을 향한 동경이 뒤섞인 심정으로 거리와 공원을 배회하는 동안 홍보 컨설턴트 사만다는 숨김없이 가장 본질적인 '섹스' 문제에 집중한다. 사슴 눈의 큐레이터 샬롯만이 아직도 남녀의 역할 분담이 확실해야 한다고 믿는다. 빨간 머리의 쿨한 변호사 미란다는 예상치 못한 임신으로 가장 먼저 싱글들의 구역 맨해튼을 탈출한다. 그녀가 아이와 남편과 함께 브루클린^{Brooklyn A/B6/7}으로 이사를 가겠다고 선언하자 한바탕 난리가 난다. 맨해튼에서 이사를 간다는 것은 곧 '지구의 끝에서 떨어지는 것'과 진배없기 때문이다.

　이 4명의 뉴욕 친구들이 유머와 재치로 해결한 문제들은 지구 반대편의 싱글 여성들도 똑같이 골머리를 앓는 고민거리다. 그것이 바로 〈섹스 앤 더 시티〉가 세계적으로 큰 성공을 거둔 비결이다.

드라마 촬영지를 따라가는 '온 로케이션 투어'의 주 고객은 당연히 여성들이다. "헬로 헬로 헬로, 저는 오늘 여러분을 안내할 섹스 전문가입니다." 에이미라는 관광버스의 가이드는 이렇게 호들갑스러운 인사로 자기소개를 마친 후 곧바로 곤란한 질문 공세에 돌입한다. "자, 오늘의 캐리는 누구일까요? 미란다, 사만다, 샬롯은?" 몇 년 전에 레스토랑에서 베이비시터 아르바이트를 하다가 우연히 진짜 사라 제시카 파커를 만났다는 이야기도 양념처럼 곁들인다.

1시간의 관광과 도중에 틀어 준 드라마 주요 장면을 감상한 후 이날의 캐리, 미란다, 사만다, 샬롯들은 부다칸^{Buddakan} **9** F3으로 달려간다. 요란한 샹들리에와 바 위에 걸린 중국 풍경화가 인상적인 그곳에서 캐리와 빅은 '마지막 싱글 키스'를 주고받았다. 어쨌거나 그 순간에는 그렇게 믿었다. 다음 날, 뉴욕 디자이너 비비안 웨스트우드의 작품으로 중무장한 신부는 뉴욕 공립 도서관^{New York Public Library} H4에서 애타게 신랑을 기다리다 지치고, 결국 사람들이 오가는 도로 한복판에서 장미 화환으로 그의 뺨을 갈긴다.

아, 정말이지 코즈모폴리턴 한 잔이 그리운 시점이다. 차이나타운의 길모퉁이 술집 오닐스 바^{Onieal's Speakeasy} **21** D5에 가면 그 이름의 칵테일을 맛볼 수 있다. 그곳으로 가는 길, 버스는 사라 제시카 파커가 사는 웨스트 빌리지^{West Village} D/E3/4를 지난다. 세 아이의 엄마인 사라의 실제 삶은 드라마 속 신상 구두에 열광하는 여자와는 전혀 다른 모습이다. "샤넬에 걸고 맹세해"라던 약속 대신 그녀는 '아직도 도시에 살며' 핸드백보다 일 잘하는 남편을 더 장만하고 싶은 어쩔 수 없는 주부다. TV에서는 드물지만 웨스

영화 〈섹스 앤 더 시티 2〉 개봉 행사. 왼쪽부터 사라 제시카 파커, 크리스틴 데이비스, 킴 캐트럴, 신시아 닉슨.

트 빌리지 거리에 가면 흔히 만날 수 있는 그런 종류의 여성이다. 사라의 남편은 배우인 매튜 브로데릭이다. 두 사람은 1997년에 결혼해 세 자녀를 두었다.

1965년 3월 25일 오하이오 주 넬슨빌에서 태어나 7명의 형제자매와 뉴저지에서 성장한 사라 제시카 파커는 유대식 교육을 받았다. 불과 8살 때 처음으로 카메라 앞에 섰고, 2년 후 오빠와 함께 브로드웨이의 작품에 출연했으며 1979년에는 뮤지컬 〈애니 홀〉에서 주연을 맡았다. 그 후 영화와 TV로 활동 영역을 넓혀 차세대 배우에게 수여하는 많은 상을 휩쓸었다. 1992년에도 니콜라스 케이지와 함께 〈허니문 인 라스베이거스Honeymoon in Las Vegas〉를 찍었다. 하지만 역시 그녀를 국제적인 스타로 만든 작품은 〈섹스 앤 더 시티〉다.

그녀는 뉴욕을 좋아한다

2011년에 나온 〈하이힐을 신고 달리는 여자I Don't Know How She Does It〉에서 파커는 육아와 일을 동시에 해결해야 하는 워킹맘으로 등장한다. 싱글 여성의 섹스 고민보다 더 가슴에 와닿은 주제, 그녀의 표현대로 '직장인의 정신분열증'을 다룬 영화다. "요즘 여성들은 남성들의 세계에서 능력을 입증해야 하고 동시에 프로이자 좋은 엄마여야 하며, 그러면서도 매력을 잃지 말아야 합니다."

한 여성 잡지와의 인터뷰에서 그녀는 이렇게 고백했다. "걱정 마세요, 저도 완벽한 엄마는 아니니까요. 저도 가끔은 실패한 인생이 아닌가하는 생각에 괴로울 때가 있답니다. 하지만 대부분의 사람들은 타인보다 자신에게 실망하는 경우가 더 많은 법이지요." 그녀는 아이들에게 예의와 자제력, 배려 같은 전통적인 가치관을 가르치고 싶지만 더불어 열린 눈으로 세상을 헤쳐 나가는 방법도 가르치고 싶다고 말했다. "뉴욕은 정말 스릴 넘치는 도시예요. 하지만 정작 그곳에 살다 보면 환상적인 장소를 지나치거나 아예 눈치도 못 채기 십상이지요."

그녀에게는 의외로 소탈한 면모가 적지 않다. 좋아하는 음식을 물었더니 멋진 퓨전 요리가 아니라 독일 소시지에 감자 샐러드라는 답이 돌아왔다. 그뿐만이 아니다. 틈날 때마다 섹스에 대해 고민하기는커녕 열심히 스웨터를 뜬다. 하긴 그 역시 결코 유행에 뒤지지 않는 취미다. 유명한 반스 앤드 노블Barnes & Noble **4** F5 서점과 직원들이 모델처럼 멋진 '커피숍'이 있는 유니언 스퀘어Union Square **40** F4에 가보면 바로 확인할 수 있다. 토요일마다 열리는 파머스 마켓Farmers Market에서 베틀을 중심으로 뉴욕 여성들이 빙 둘러앉아 열심히 뜨개질을 하고 있다.

사라 제시카 파커는 뉴욕을 좋아한다. 특히 서턴 플레이스Sutton Place32 **K6**

동쪽의 거리를 사랑한다. 이스트 리버와 퀸스보로 브리지가 훤히 보이는 고급 주거 지역이다. 그녀가 존경하는 우디 앨런도 이 전망 좋은 장소를 영화 〈맨해튼〉에 담은 바 있다.

부다칸 **9** F3

75 9th Avenue, New York
www.buddakannyc.com
▶지하철: 14번 스트리트14th Street, 8번 애버뉴8th Avenue

플라자 아테네 호텔 **23** K4

37 East 64th Street, New York
▶지하철: 렉싱턴 애버뉴–63번 스트리트Lexington Avenue–63rd Street

오닐스 바 **21** D5

174 Grand Street, New York
www.onieals.com
▶지하철: 그랜드 스트리트Grand Street

유니언 스퀘어 **40** F4

14th Street/Broadway
▶지하철: 14번 스트리트–유니언 스퀘어14th Street–Union Square

〈섹스 앤 더 시티〉 드라마 촬영지 투어

www.screentours.com

뮤지컬의 본고장 브로드웨이는 사시사철 관광객들로 붐빈다.

지은이 | 베티나 빈터펠트

뮌헨에 살며, 〈프랑크푸르트 알게마이네 차이퉁〉, 〈쥐트도이체 차이퉁〉, 〈보그〉 같은 유명 매체에 기고하는 기자다. 발리, 모로코, 미얀마, 포르투갈, 영국, 오스트리아에 관한 책을 썼고 '전기 쓰기' 강사로도 일하고 있다. 미국어문학을 공부하면서 뉴욕을 사랑하게 되었고, 그 열정을 이 책에 고스란히 담았다.

옮긴이 | 장혜경

연세대학교 독어독문학과를 졸업했으며, 같은 대학 대학원에서 박사 과정을 수료했다. 독일 학술교류처 장학생으로 하노버에서 공부했다. 전문 번역가로 활동 중이며 《식물탄생신화》, 《상식과 교양으로 읽는 유럽의 역사》, 《주제별로 한눈에 보는 그림의 역사》, 《미술의 역사를 바꾼 위대한 발명 13》 등 다수의 문학과 인문교양서를 우리말로 옮겼다.

도시의 역사를 만든 인물들
그들을 만나러 간다
뉴욕

초판 인쇄 2016년 4월 20일
초판 발행 2016년 5월 1일

지은이   베티나 빈터펠트
옮긴이   장혜경
펴낸이   진영희
펴낸곳   (주)터치아트
출판등록   2005년 8월 4일 제396-2006-00063호
주소   10403 경기도 고양시 일산동구 백마로 223, 630호
전화번호   031-905-9435 팩스 031-907-9438
전자우편   editor@touchart.co.kr

ISBN 978-89-92914-87-1 04980
     978-89-92914-85-7(세트)

* 이 도서의 국립중앙도서관 출판시도서목록(CIP)은
  서지정보유통지원시스템 홈페이지(http://seoji.nl.go.kr)에서
  이용하실 수 있습니다.(CIP제어번호: CIP2016009456)